U0348293

泌乳牛
饲养管理关键技术

孙 鹏 编著

中国农业科学技术出版社

图书在版编目（CIP）数据

泌乳牛饲养管理关键技术／孙鹏编著.—北京：中国农业科学技术出版社，
2020.5

ISBN 978-7-5116-4660-6

Ⅰ.①泌… Ⅱ.①孙… Ⅲ.①乳牛–饲养管理 Ⅳ.①S823.9

中国版本图书馆 CIP 数据核字（2020）第 048538 号

责任编辑　金　迪　崔改泵
责任校对　马广洋

出 版 者　中国农业科学技术出版社
　　　　　北京市中关村南大街 12 号　邮编：100081
电　　话　（010）82109194（编辑室）　　（010）82109702（发行部）
　　　　　（010）82109709（读者服务部）
传　　真　（010）82106625
网　　址　http://www.castp.cn
经 销 者　各地新华书店
印 刷 者　北京建宏印刷有限公司
开　　本　710mm×1 000mm　1/16
印　　张　11.25
字　　数　179 千字
版　　次　2020 年 5 月第 1 版　2020 年 5 月第 1 次印刷
定　　价　46.00 元

《泌乳牛饲养管理关键技术》

编著委员会

主 编 著：孙　鹏

副主编著：马峰涛

编著人员：单　强　　常美楠　　金宇航

　　　　　高　铎　　李洪洋　　沃野千里

　　　　　王飞飞

前　　言

从时任总理温家宝"我有一个梦，让每个中国人，首先是孩子，每天都能喝上一斤奶"，到现如今习近平主席"让祖国的下一代喝上好奶粉，我一直很重视"，说明我国政府和领导人对乳业的重视，我们更清醒地认识到乳业发展对于民族健康和消除贫困的战略性作用，在党和国家的高度关注和战略远见下，将不断推动中国乳业的高速发展，进而为整个民族健康水平提升创造更大价值。

奶牛自产犊产奶开始至干奶期的阶段为泌乳期，根据泌乳期奶牛不同阶段的生理状态、营养物质代谢规律、体重和产奶量的变化，泌乳期分为泌乳初期、泌乳盛期和泌乳后期。泌乳初期奶牛刚经历分娩，体质虚弱，消化机能减退，处于气血两亏状态；泌乳盛期奶牛体质得到恢复，消化机能正常，产奶量增加明显；泌乳后期奶牛产奶量逐渐下降，奶牛已受孕，相较于前两期易于饲养。作为牧场经济来源主体，如何提高泌乳期奶牛产奶量和乳品质一直是牧场和科研工作者广泛关注的问题。因此，通过科学的饲养管理和营养调控手段，加强不同泌乳阶段奶牛的饲养管理，保证其健康舒适的饲养环境，对提高奶牛的泌乳性能，全面提升牛奶品质，推动我国奶业健康可持续发展具有重要战略意义。

本书系统全面地介绍了泌乳牛饲养管理过程中的关键技术，结合泌乳牛各个泌乳阶段的生物学特性，从奶牛福利角度，针对泌乳初期、泌乳盛期和泌乳后期三个阶段，全面探讨了泌乳牛各个泌乳阶段的营养需要要求和核心的饲养管理技术。全书共分为十章，主要内容包括：泌乳牛品种、泌乳牛的选育、泌乳牛的繁殖、泌乳牛对营养物质的消化与利用、泌乳牛的营养、泌乳牛的饲料及饲料供应、泌乳牛的饲养管理技术、泌乳牛的生产性能及其测定、原料奶的质量控制和泌乳牛疫病防治技术，为牧场科学管理泌乳牛提供科学指导。

本书是在国家高层次人才特殊支持计划、中国农业科学院农业科技创新工程重大产出科研选题（CAAS-ZDXT2019004）及中国农业科学院科技创新工程（ASTIP-IAS07）资助下完成。本书是多人智慧的结晶，在此由衷地感谢参与书稿编著的各位老师和同学。

鉴于作者水平有限，书中疏漏与不足之处在所难免，敬请广大读者批评指正。

编著者

2020 年 2 月

目　录

第一章　泌乳牛品种

第一节　国外乳用及乳肉兼用牛品种

一、荷斯坦牛

荷斯坦牛，全称为荷斯坦-弗里生牛，是 Holstein-Friesian 的音译名称（图 1-1，https://baike.baidu.com）。荷斯坦牛原产于荷兰北部的北荷兰省和西弗里生省，其后代分布到荷兰全国乃至法国北部及德国的荷斯坦省。荷斯坦牛被引入美国后，最初成立两个奶牛协会，即美国荷斯坦育种协会和美国荷兰弗里生牛登记协会。1885 年，两协会合并成美国荷斯坦-弗里生协会，从而得荷斯坦-弗里生牛之名。因为身上毛色为黑白相间的斑块，又称黑白花（奶）牛，是世界上最著名的奶牛品种。

图 1-1　荷斯坦牛

（一）品种形成

荷兰地势低洼，全国有三分之一的土地低于海平面，土壤肥沃，气候温和，全年气温在 2～17℃，雨量充沛，年降水量为 550～580mm，牧草生长茂盛，草地面积大，且沟渠纵横贯穿，形成了天然的放牧栏界，是放牧养奶牛的天然宝地。同时，荷兰曾是欧洲一个重要的海陆交通枢纽，商业发达。由于荷斯坦牛及其乳制品出口销量大，促进了奶牛的选育及品质的提高。奶牛品种的形成与原产地的自然环境和社会经济条件密切相关。

（二）培育历史

荷斯坦牛的培育历史十分悠久，早在 15 世纪，荷斯坦牛就以产奶量高而闻名于世，但在原产地荷斯坦牛的选育过程中，曾经走过弯路。早期由于过分强调产奶量而忽视了体质结实及乳脂含量等性状，导致出现乳脂率低、体质差、抗病力弱，尤其易患结核病等缺点。后经育种专家的长期纠偏，重视体质和乳脂率的选育，才克服了以往的缺陷。

荷斯坦牛风土驯化能力强，世界大多数国家均能饲养。经各国长期的驯化及系统选育，育成了各具特征的荷斯坦牛，并冠以该国的国名，如中国荷斯坦牛、加拿大荷斯坦牛、日本荷斯坦牛、美国荷斯坦牛等。

（三）外貌特征

1. 乳用型荷斯坦牛

体格高大，结构匀称，皮薄骨细，皮下脂肪少，乳房特别庞大，乳静脉明显，后躯较前躯发达，侧望呈楔形，具有典型的乳用型外貌。被毛细短，毛色呈黑白斑块，界线分明，额部有白星，腹下、四肢下部（腕、跗关节以下）及尾帚为白色。犊牛初生重为 40～50kg。

乳用型荷斯坦牛产奶量极高，居世界各奶牛品种的首位。母牛平均年产奶量 6 500～7 500kg，乳脂率为 3.5%～3.6%，最高单产可达 22 870 kg/年，乳脂率为 3.6%～3.7%。荷斯坦牛的缺点是不耐热，高温时产奶量明显下降。

2. 兼用型荷斯坦牛

兼用型荷斯坦牛的体格略小于乳用型，体躯低矮宽深，皮肤柔软而稍厚，尻部方正，四肢短而开张，肢势端正，侧望略偏矩形，乳房发育匀称，前伸后展，附着好，多呈方圆形；毛色与乳用型相同，但花片更加整齐美观。成年公牛体重900~1 100kg，母牛550~700kg。犊牛初生重35~45kg。平均产奶量较乳用型低，年产奶量一般为4 500~6 000kg，乳脂率为3.9%~4.5%。兼用型荷斯坦牛的肉用性能较好，经肥育的公牛，500日龄平均活重为556kg，屠宰率为62.8%。

二、娟姗牛

娟姗牛是乳牛著名的品种（图1-2，https://baike.baidu.com/pic）。该品种在血统上与瑞士褐牛、德温牛和凯瑞牛有关系，而与荷斯坦牛没有关系。在该品种的早期培育过程中，曾被称为奥尔德尼牛。1850年首批娟姗牛被引入美国，1868年美国娟姗牛俱乐部成立，从事娟姗牛的商务运作。娟姗牛是主要乳用牛品种中较小的品种之一。该品种与其他品种相比，以耐热性强、采食性好、乳脂肪率和乳蛋白率较高而著称。耐粗饲也是娟姗牛的一个重要特点。

图1-2 娟姗牛

（一）品种形成

娟姗牛原产于英吉利海峡的泽西岛，也称为哲尔济岛，位于英国和法国之间，气候温和，水草丰富，适宜牛羊等家畜的放牧。娟姗牛的品种起源存在不同的说法，一种说法是娟姗牛原始来源是西欧野牛，另一种说法是娟姗牛起源于非洲原始牛品种，这也就是该品种具有较好耐热性的原因。

虽然确切的品种原始起源已无据可考，但是娟姗牛品种培育历史却是清晰可循的。18 世纪已闻名世界。为保持品种的纯化，英国曾先后于 1763 年和 1789 年发布禁止其他品种引进泽西岛的法令，长期封闭自繁。娟姗牛大概育成于 17 世纪，经过 18 世纪长期近交和选育，而初具品种特性，1844 年英国娟姗牛品种协会的成立标志着娟姗牛品种的正式形成。

（二）外貌特征

娟姗牛体型小，头小而清秀，额部凹陷，两眼突出，乳房发育良好，毛色为不同深浅的褐色。娟姗牛的毛色从浅灰色、深黄色到接近黑色。

娟姗牛是典型的小型乳用牛，具有细致紧凑的优美体态。头小而轻，两眼间距离宽，眼大而有神，额部稍凹，耳大而薄。角中等大，琥珀色，角尖黑，向前弯曲。颈薄且细，有明显的皱褶，颈垂发达，鬐甲狭锐，胸深宽，背腰平直，尾细长，尾帚发达。尻部方平，后腰较前躯发达，侧望呈楔形，四脚端正，站立开阔，骨骼细致，关节明显。乳房多为方圆形，发育匀称，质地柔软，但乳头略小，乳静脉暴露。被毛短细具有光泽，毛色为灰褐、浅褐及深褐色，以浅褐色为主。腹下及四肢内侧毛色较淡，鼻镜及尾帚为黑色，嘴、眼圈周围有浅色毛环。

（三）生产性能

娟姗牛一般年平均产奶量为 3 500kg，乳脂率平均为 5.5% ~ 6%，乳脂色黄而风味好。娟姗牛性成熟早，一般 15 ~ 16 月龄便开始配种。

娟姗牛成年公牛体高 123 ~ 130cm，体重为 650 ~ 750kg；成年母牛体重为 350 ~ 450kg，体高 111 ~ 120cm，体长 133cm，胸围 154cm，管围 15cm；犊牛初生重为 23 ~ 27kg。

三、爱尔夏牛

爱尔夏牛属于中型乳用牛，原产于英国爱尔夏郡（图 1-3，https://bkimg.cdn.bcebos.com/pic）。广西、湖南等省区曾有引进。爱尔夏牛起源于苏格兰，1837 年引入美国。目前的趋势表明，该品种牛平均年产奶量为 8 181kg，含乳脂 4%、乳蛋白 3.5%。爱尔夏牛为红白花牛，其红色有深有浅，变化不一，被毛白色带红褐斑。角尖长，垂皮小，背腰平直，乳房宽阔，乳头分布均匀。

图 1-3　爱尔夏牛

（一）品种形成

爱尔夏牛属于中型乳用品种，原产于英国爱尔夏郡。该牛种最初属肉用，1750 年开始引用荷斯坦牛、更赛牛、娟姗牛等乳用品种杂交改良，于 18 世纪末育成为乳用品种。爱尔夏牛以早熟、耐粗饲、适应性强为特点，先后出口到日本、美国、芬兰、澳大利亚、加拿大、新西兰等30 多个国家。

（二）外貌特征

角细长，形状优美，角根部向外方凸出，逐向上弯，尖端稍向后弯，为蜡色，角尖呈黑色。体格中等，结构匀称，被毛为红白花。该品种外貌的重要特征是其奇特的角形及被毛有小块的红斑或红白纱毛。鼻镜、眼圈浅红色，尾帚白色。乳房发达，发育匀称呈方形，乳头中等大小，乳静脉明显。成年公牛体重 800kg，母牛体重 550kg，体高 128cm。犊牛初生重 30~40kg。

（三）生产性能

爱尔夏牛的产奶量一般低于荷斯坦牛，但高于娟姗牛和更赛牛。美国爱尔夏登记牛年平均产奶量为 5 448kg，乳脂率 3.9%，个别高产群体达 7 718kg，乳脂率 4.12%。美国最高个体，每天 2 次挤奶，305d 产奶量为 16 875kg，乳脂率 4.28%；365d 最高产奶记录为 18 614kg，乳脂率 4.39%。

四、瑞士褐牛

瑞士褐牛属乳肉兼用品种，原产于瑞士阿尔卑斯山区，主要在瓦莱斯地区（图 1-4，https://bkimg.cdn.bcebos.com/pic）。由当地的短角牛在良好的饲养管理条件下，经过长时间选种选配而育成。

该牛被毛为褐色，由浅褐、灰褐至深褐色，在鼻镜四周有一浅色或白色带，鼻、舌、角尖、尾帚及蹄为黑色。头宽短，额稍凹陷，颈短粗，垂皮不发达，胸深，背线平直，尻宽而平，四肢粗壮结实，乳房匀称，发育良好。

成年公牛体重为 1 000kg，母牛 500～550kg。18 月龄活重可达 485kg，屠宰率为 50%～60%。瑞士褐牛年产奶量为 2 500～3 800kg，乳脂率为 3.2%～3.9%。美国于 1906 年将瑞士褐牛育成为乳用品种。瑞士褐牛成熟较晚，一般 2 岁才配种。耐粗饲、适应性强，美国、加拿大、苏联、德国、波兰、奥地利等国均有饲养，全世界约有 600 万头。

图 1-4　瑞士褐牛

五、西门塔尔牛

西门塔尔牛原产于瑞士阿尔卑斯山区，并不是纯种肉用牛，而是乳肉兼用品种（图1-5，https://bkimg.cdn.bcebos.com/pic）。但由于西门塔尔牛产乳量高，产肉性能也并不比专门化肉牛品种差，役用性能也很好，是乳、肉、役兼用的大型品种。

图1-5 西门塔尔牛

（一）品种形成

世界上许多国家也都引进西门塔尔牛在本国选育或培育，育成了自己的西门塔尔牛，并冠以该国国名而命名。中国于1912年和1917年分别从欧洲引入西门塔尔牛，20世纪50年代末以来，又从苏联、西德、瑞士、奥地利等国多次引入。

（二）外貌特征

该牛毛色为黄白花或淡红白花，头、胸、腹下、四肢及尾帚多为白色，皮肤为粉红色，头较长，面宽；角较细而向外上方弯曲，尖端稍向上。颈长中等；体躯长，呈圆筒状，肌肉丰满；前躯较后躯发育好，胸深，尻宽平，四肢结实，大腿肌肉发达；乳房发育好。成年公牛体重平均为800~1 200kg，母牛650~800kg。

(三) 生产性能

西门塔尔牛乳、肉用性能均较好，平均产奶量为4 070kg，乳脂率3.9%。在欧洲良种登记牛中，年产奶4 540kg者约占20%。该牛生长速度较快，平均日增重可达1.35~1.45kg，生长速度与其他大型肉用品种相近。胴体肉多，脂肪少而分布均匀，公牛育肥后屠宰率可达65%左右。成年母牛难产率低，适应性强，耐粗放管理。

西门塔尔牛在我国的分布，北至东北的森林草原和科尔沁草原，南达中南的南岭山脉和其山区，西到新疆的广大草原和青藏高原等地。各地的自然环境变化极大，夏季平均最高气温从中南地区的30℃到东北地区的0℃，冬季最低平均气温从南方的15℃到北方的-20℃，绝对最高最低气温则变化更大。各地的年平均降水量，自200~1 500mm不等，海拔最高的达3 800m，最低的仅数百米。因此，土壤、作物、草原草山的植被类型差异悬殊，西门塔尔牛均能很好适应，除西藏彭波农场地处3 800m以上宜从犊牛阶段引种以外，各地均可自群繁殖种牛。

第二节　我国乳用及乳肉兼用牛品种

一、中国荷斯坦牛

原名为中国黑白花牛，1992年更名为"中国荷斯坦牛"，是中国奶牛的主要品种，分布于全国各地（图1-6，https://ss1.bdstatic.com）。中国荷斯坦牛是从国外引进的荷兰牛在中国不断驯化和培育，或与中国黄牛进行杂交并经长期选育而逐渐形成。

(一) 中国荷斯坦牛的类型

由于各地引进的荷斯坦公牛和本地母牛类型不一，以及饲养环境条件的差别，中国荷斯坦牛的体格有大、中、小三个类型。

1. 大型奶牛

主要含有美国荷斯坦牛血统，成牛母牛体高135cm，体重600kg左右。

2. 中型奶牛

主要引进欧洲部分国家中等体型的荷斯坦公牛培育而成，成年母牛体高 133cm 以上。

3. 小型奶牛

主要是引用一些国家的荷斯坦牛与中国体型小的本地母牛杂交培育而成，成年母牛体高 130cm 左右。

图 1-6 中国荷斯坦牛

（二）培育历史

据贵州省对本地黄母牛进行级进杂交的结果，体尺、体重和产乳量随级进代数明显提高，而乳脂率随级进代数而降低，发病率随级进代数而增加。故在贵州当地条件下，级进杂交以不超过四代为宜。

内蒙古应用荷斯坦奶公牛与三河母牛杂交，提高产乳量更为明显，在第三胎时一个泌乳期产乳量，一代、二代和三代杂种分别可达到 4 024kg、5 160kg 和 6 515kg，比三河牛分别提高 25.8%、61.3% 和 103.6%。

（三）外貌特征

中国荷斯坦牛体型外貌多为乳用体型，华南地区的偏兼用型，毛色多呈现黑白花，花色分明，黑白相间，额部多有白斑，腹部低，四肢膝关节以下及尾端呈白色，体质细致结实，体躯结构匀称，有角，多数由两侧向前向内弯曲，色蜡黄，角呈黑色。尻部平、方、宽，乳房发育良好，质地柔软，乳静脉明显，乳头大小分布适中。

（四）生产性能

1. 泌乳性能

重点育种场的乳牛，全群年平均产乳量已达到 7 000kg 以上，现在一个泌乳期（305d）产乳量达到 10 000kg 以上乳牛的数量已经很多。质量较好的乳牛，其第三泌乳期平均产乳量达 6 000kg 以上。

2. 产肉性能

据少数地区测定，未经肥育的母牛和去势公牛，屠宰率平均可达50% 以上，净肉率在 40% 以上。据黑龙江省测定，14 头成年母牛，屠宰率平均为 53.3%，净肉率平均为 41.4%。

3. 中国荷斯坦奶牛繁殖性能

初情期在 6~9 月龄，随饲养和环境条件不同而有差异，发情周期15~24d，平均21d。妊娠天数，母犊为 277.5d，公犊为 278.7d。

二、中国西门塔尔牛

中国于 1981 年成立西门塔尔牛育种委员会，建立健全了纯种繁育及杂交改良体系，开展了良种登记和后裔测定工作。中国西门塔尔牛由于培育地点的生态环境不同，分为平原、草原、山区三个类群，种群规模达 100 万头（图 1-7，https://ns-strategy.cdn.bcebos.com/ns-strategy/upload/fc_big_pic/part-00798-193.jpg）。该品种被毛颜色为黄白花或红白花。三个类群牛的体高分别为 130.8cm、128.3cm 和 127.5cm；体长分别为 165.7cm、147.6cm 和 143.1cm。犊牛初生重平均 41.6kg，6 月龄体重 199.4kg，12 月龄重 324kg，18 月龄 434kg，24 月龄 592kg。产奶量平均 4 300kg/（头·年），乳脂率 4.0%。

（一）培育历史

我国自 20 世纪初就开始引入西门塔尔牛，到 1981 年我国已有纯种牛 3 000 余头，杂交种 50 余万头。西门塔尔牛改良各地的黄牛，都取得了比较理想的效果。从 1990 年山东省畜牧局牛羊养殖基地引进该品种。此品种被畜牧界称为"全能牛"。我国从国外引进肉牛品种始于 20 世纪初，但大部分都是新中国成立后才引进的。西门塔尔牛在引进我国后，

图1-7 中国西门塔尔牛

对我国各地的黄牛改良效果非常明显，杂交一代的生产性能一般都能提高30%以上。

山东省畜牧局牛羊养殖基地试验证明，西杂一代牛的初生重为33kg，本地牛仅为23kg；平均日增重，杂种牛6月龄为608.09g，18月龄为519.90g，本地牛相应为368.85g和343.24g；6月龄和18月龄体重，杂种牛分别为144.28kg和317.38kg，而本地牛相应为90.13kg和210.75kg。在产奶性能上，从全国商品牛基地县的统计资料来看，207d的泌乳量，西杂一代为1 818kg，西杂二代为2 121.5kg，西杂三代为2 230.5kg。

（二）外貌特征

中国西门塔尔牛体躯深宽高大，结构匀称，体质结实，肌肉发达，行动灵活，被毛光亮，毛色为红（黄）白花，花片分布整齐，头部白色或带眼圈，尾梢、四肢和腹部为白色，蹄蜡黄色，鼻镜肉色，乳房发育充分，质地很好，品种性能特征明显，且遗传稳定，适应性好，抗病力强，耐粗饲，分布范围广。

（三）生产性能

在良好的饲养管理条件下，西门塔尔牛有较高的产奶量，且综合产肉性能也表现突出。选育出的2 178头核心群母牛产奶量达到年均4 300kg以上，乳脂率达到4.0%；97头经强度肥育的杂交改良牛在18～22月龄时平均体重573.6kg，屠宰率61.0%，净肉率50.02%，核心育种群每年提供一级种公牛 250 头，用于我国肉用牛杂交改良供种达 60%，起步早的地区已进入多种育种方式自群选育发展阶段；改良牛 1、2、3 代的泌乳量分别达 1 500kg、2 500kg、3 500kg。

三、三河牛

三河牛是我国培育的优良乳肉兼用品种，主要分布于内蒙古呼伦贝尔盟大兴安岭西麓的额尔古纳右旗三河（根河、得勒布尔河、哈布尔河地区）（图 1-8，https://bkimg.cdn.bcebos.com/pic）。三河牛是多品种杂交后经选育而成的。系统的选育工作已经有了几十年的历史，1954—1955 年在收购本地及离境苏侨所饲养的三河牛的基础上，筹建了 20 个以养牛为主的国营牧场，进行有计划的选育提高。经过 30 多年的努力，该品种已经基本形成，1986 年被内蒙古自治区政府正式验收，并命名为"内蒙古三河牛"。

图 1-8　三河牛

（一）培育历史

内蒙古呼伦贝尔市三河牛产地呼伦贝尔市处于东部季风区与西北干旱区的交汇处，是大兴安岭-蒙古高原过渡带，多变的气候条件、复杂的地形条件、兼以额尔古纳河水系对地形纵横切割，形成多样的景观生态类型，生长着丰富的植物区系，具有较高的生态服务价值和生产资源价值，是中国重要的农牧业生产基地、宝贵的自然生态遗产。呼伦贝尔草原是欧亚大陆草原的重要组成部分，是世界著名的温带半湿润典型草原，作为世界草地资源研究和生物多样性保护的重要基地，也是中国乃至世界上生态保持最完好，纬度最高、位置最北，未受污染的大草原之一。

呼伦贝尔草原位于大兴安岭以西，是牧业四旗——新右旗、新左旗、陈旗、鄂温克旗和海区、满市及额尔古纳市南部、牙克石市西部草原的总称。由东向西呈规律性分布，地跨森林草原、草甸草原和干旱草原三个地带。呼伦贝尔素有"牧草王国"之称，天然草场总面积1.49亿亩。除东部地区约占本区面积的10.5%为森林草原过渡地带外，其余多为天然草场。多年生草本植物是组成呼伦贝尔草原植物群落的基本生态性特征，草原植物资源1 000余种。羊草草原是呼伦贝尔地区分布最广的草原类型，质量好、易保存，分布集中连片、地势平坦（适宜机械化作业），是牲畜的主要饲草。呼伦贝尔岭西区为半干旱性气候，年降水量为300～500mm；岭东区为半湿润性气候，年降水量在500～800mm。产区气候冬季虽然寒冷干燥，但夏季日照时间长、气温高，雨量充沛，雨热同季，土壤肥沃，对植物生长发育极为有利。

三河牛的形成历史比较长，早在光绪二十四年（1898年），沙皇俄国修建中东铁路时，铁路员工带入一批奶牛，分布在满洲里、滨洲铁路沿线。新中国成立后，1954年，在呼伦贝尔大草原上相继成立了以养育三河牛为主的国营牧场，把一直通称为滨洲牛的牛群分地区取名，称为三河牛。经过多年有计划地系统选育，逐步形成了一个体大结实、耐寒、耐粗饲、适应性强、乳脂率高、乳肉兼用性能好、体型趋于一致、遗传稳定性好、具有一定生产潜力的新品种。1986年9月，内蒙古自治区人民政府以〔1986〕45号文件批准，命名三河牛为"内蒙古三河牛"。

（二）外貌特征

三河牛体型属于细致紧凑型，有乳肉兼用型外貌，毛色以红白花或黄白花为主，少量黑白花。毛色以红黄白花为主，体躯高大，体质结实匀称，头部清秀，头颈结合良好，肩宽，胸深，肋骨开张好，背腰平直，体躯较长，四肢结实，肢势端正，蹄质坚实。种公牛雄性特征非常明显，母牛体大，乳房大部分成盆状和圆形，乳腺发育良好，乳房附着良好、前后伸展稍差，乳头大小、长短适中，乳静脉长、较粗。

（三）生产性能

三河牛是中国培育的第一个乳肉兼用品种，适应性强、耐粗饲、耐高寒、抗病力强、宜牧、乳脂率高、遗传性能稳定。

（1）产奶量。基础母牛平均产奶量5 105.77kg，最高个体产奶量达9 670kg。

（2）乳脂率。三河牛乳脂率高，平均乳脂率达4.06%以上。

（3）产肉性能。18月龄以上阉公牛经过短期育肥后，屠宰率为55%，净肉率为45%。

三河牛肉质脂肪少，肉质细，大理石纹明显，色泽鲜红，鲜嫩可口，熟肉率经测定为1∶0.573。具有完善的氨基酸含量，尤为突出的是有较高的赖氨酸，明显高于其他品种。

三河牛鲜奶质量好、色香、味佳，是补虚损、益肺胃、生津润肠的营养品。维生素、矿物质含量较高，测定证明：总体牛奶成分每百克含水分87g，蛋白质3.1～3.5g，脂肪3.0～4.8g，乳糖4.5～5g，碳水化合物6g，灰分0.7g，钙120mg，磷90mg，铁0.1mg，硫胺素0.04mg，抗坏血酸1mg。

四、新疆褐牛

新疆褐牛为乳肉兼用品种，自20世纪30年代起历经50多年育成（图1-9，https://bkimg.cdn.bcebos.com/pic）。

（一）培育历史

新疆褐牛是以当地黄牛为母本，引用瑞士褐牛、阿拉托乌牛以及少量科斯特罗姆牛与之杂交改良，经长期选育而成。它包括原伊犁地区的"伊犁牛"、塔城地区的"塔城牛"和其他地区的褐牛。这些牛曾被称为"新疆草原兼用牛"，后于1979年全疆养牛工作会议上，统一定名为"新疆褐牛"。

新疆褐牛中心产区位于新疆伊犁河谷及塔额盆地。主要分布于伊犁州昭苏县、特克斯县、巩留县、新源县、尼勒克县和伊宁县，以及塔城地区裕民县、塔城市、额敏县，在阿勒泰、昌吉、哈密、巴州等其他地

图 1-9 新疆褐牛

区也有少量分布。现有种群规模为 120 多万头，其中符合品种标准的新疆褐牛约占 30%，其他为新疆褐牛的改良牛。

新疆褐牛是于 1935—1936 年以从苏联引进的数批阿拉托乌牛和少量科斯特罗姆牛为父本，以当地哈萨克牛为母本杂交选育而成。新疆褐牛有计划、大量地杂交改良和育种工作则是从新中国成立后开始的。新疆和平解放后，于 1951—1956 年成立了国营种畜场，建立了人工授精配种站，在伊犁、塔城、阿尔泰、石河子、昌吉、乌鲁木齐、阿克苏等褐牛较为集中的地区进行了大规模的杂交改良。到 1958 年，全自治区已广泛开展了新疆褐牛的育种和改良工作，塔城地区、乌鲁木齐等重点地区和种畜场都制订了育种方案。1979—1983 年，又从德国和奥地利引进了三批瑞士褐牛用于纯种繁育和杂交改良。1979 年以来，先后制定了新疆褐牛鉴定标准、育种计划、品种归属办法，同时成立了育种协作组，有力地推动了品种改良和形成。1983 年国家农业部（今农业农村部）颁布了新疆褐牛品种标准，批准该新品种通过验收。

（二）外貌特征

新疆褐牛属乳肉兼用型，体格中等大小，体质结实，被毛、皮肤为褐色，色深浅不一。头顶、角基部为灰白或黄白色，多数有灰白或黄白色的口轮和宽窄不一的背线。角尖、眼睑、鼻镜、尾尖、蹄均呈深褐色。各部位发育匀称，头长短适中，额较宽，稍凹，头顶枕骨脊凸出，角大小适中，较细致，向侧前上方弯曲呈半椭圆形，角尖稍直。颈长短适中稍宽厚，颈垂较明显。鬐甲宽圆，背腰平直较宽，胸宽深，尻长宽适中，有部分稍斜尖，十字部稍高，臀部肌肉较丰满。乳房发育中等大小，乳头长短粗细适中，四肢健壮，肢势端正，蹄固坚实。

（三）生产性能

新疆褐牛在伊犁、塔城牧区草原全年放牧饲养，产乳量受天然草场水草条件的影响，挤奶期多集中在5—9月青草季节。挤奶期的长短也与产犊月份有关，牧区一般按挤奶150d计算产奶量，城郊奶牛场以305d计算产奶量。牧区育种场在常年补饲的情况下，最高日产奶量可高达30kg，如母牛第3胎305d产奶5 162kg。在城郊育种场全年舍饲情况下，母牛第1胎268d产奶5 212kg。

新疆褐牛在放牧条件下，6月龄左右有性行为。母牛在2岁、体重达250kg时初配，公牛在1.5~2岁、体重达330kg以上时初配。母牛发情周期16~31.5d，发情持续期1~2.5d。配种方法因目前条件不一，冻精、常温人工授精、自然配种并用。一般在5—9月配种旺期多采用人工授精，其他期间多采用自然交配。

五、中国草原红牛

草原红牛是以乳肉兼用的短角公牛与蒙古母牛长期杂交育成，具有适应性强，耐粗饲的特点（图1-10，https://bkimg.cdn.bcebos.com/pic）。草原红牛是吉林、内蒙古、河北、辽宁四省（区）协作，用引进的兼用短角公牛为父本，我国草原地区饲养的蒙古母牛为母本，历经杂交改良、横交固定和自群繁育三个阶段，在放牧饲养条件下育成的兼用型新品种。1985年通过原农牧渔业部验收，命名为"中国草原红牛"。

（一）培育历史

主要产于吉林白城地区、内蒙古昭呼达盟、锡林郭勒盟及河北张家口地区。目前草原红牛总头数达14万头。夏季完全依靠草原放牧饲养，冬季不补饲，仅依靠采食枯草即可维持生活。对严寒酷热气候的耐力很强，抗病力强，发病率低，当地以放牧为主。其肉质鲜美细嫩，为烹制佳肴的上乘原料。皮可制革，毛可织毯。

图 1-10 中国草原红牛

(二) 外貌特征

草原红牛被毛为紫红色或红色,部分牛的腹下或乳房有小片白斑。体格中等,头较轻,大多数有角,角多伸向前外方,呈倒八字形,略向内弯曲。颈肩结合良好,胸宽深,背腰平直,四肢端正,蹄质结实。乳房发育较好。成年公牛体重 700~800kg,母牛为 450~500kg。犊牛初生重 30~32kg。

(三) 生产性能

由于受当地的饲养条件和饲养方式所限,草原红牛的繁殖季节主要集中在青草期,配种从 4 月中旬至 10 月中旬,呈季节性配种繁殖,配种方法采取冷冻精液人工授精和本交配种相结合的方式。近几年来,随着舍饲、半舍饲养殖的发展,有些饲养条件较好的地方实行了常年人工授精配种。在交通方便、牛群集中的乡 (镇),推广冷冻精液人工授精技术。一般 1 个发情期输精 1 次,最适输精时间在母牛休情后 12h 内。为了便于观察放牧母牛发情,在进行人工授精的母牛群配备结扎输精管的试情公牛,一般每 30~50 头母牛配备 1~2 头试情公牛。在交通不方便、比较偏远的一些地方,采用种公牛本交配种,所用的种公牛均来自通榆县三家子种牛繁育场 (草原红牛纯繁场)。公牛可随母牛一起放牧,母牛发情随时配种，配种季节公牛单独补饲一定量的混合精料，一般每25~30头母牛配备1头公牛。每隔3年调换种公牛1次，或者公牛单独饲养，母牛发情时牵牛配种。

据测定，18月龄的阉牛，经放牧肥育，屠宰率为50.8%，净肉率为41.0%。经短期肥育的牛，屠宰率可达58.2%，净肉率达49.5%。在放牧加补饲的条件下，平均产奶量为1 800~2 000kg，乳脂率4.0%。草原红牛繁殖性能良好，性成熟年龄为14~16月龄，初情期多在18月龄。在放牧条件下，繁殖成活率为68.5%~84.7%。

草原红牛的适应性强，耐粗饲，夏季可完全依靠放牧饲养，冬季不补饲，仅靠采食枯草仍可维持生存。对严寒、酷热气候的耐受力均较强，发病率较低。

第二章 泌乳牛的选育

第一节 概 述

利用体型外貌良好，生产性能高的奶牛培育奶牛新品种，不仅是保证奶业生产力提高的前提和基础，也是推动奶业经济发展的动力和保障。因而，加强奶牛的选育对于奶牛生产性能的高效发挥具有多方面重要意义。由于我国奶牛的良种母牛覆盖率较低，多为低产改良牛或未经改良的土种牛，生产性能高的纯种荷斯坦奶牛仅占奶牛总数的 25%。因此，择优选育将有利于提高我国奶牛的良种率，提升奶牛的单产水平及原料奶品质，降低低产奶牛对饲料资源的浪费情况，推动乳品行业的经济发展。同时，由于我国尚未形成自主选育和培育优秀种公牛的繁育体系，用于牛群品种改良的种公牛需依赖于国外引进，然而国外引进的青年种公牛对于我国奶牛的改良效果存在一定局限性，致使我国奶牛品种的遗传改良进展缓慢。因此，建设科学规范的良种奶牛繁育体系，利用行之有效的选育改良技术，实行品种登记和后裔追踪测定等技术措施，对于完善我国奶牛育种管理制度，提高奶牛群体遗传改良成效，改善奶牛良种资源现状，确立乳品质量安全管理和奶牛疫病防疫体系，缩短我国奶牛育种发展与世界先进水平之间的差距尤为重要。

一、质量性状

质量性状指属性性状，即能观察但不能测量的性状。在此类性状中，同一种性状的不同表现型之间不存在连续性的数量变化，而呈现为中断性的质量变化。质量性状的遗传效应可较容易且准确地通过分离定律和连锁定律进行分析和预测。因此，质量性状不易受到环境条件上的影响，且杂交后产生的后代个体之间能够明确分组，因而可以计算杂交子代各组个体数目的比例，分析基因分离、基因重组以及基因连锁等遗传行为。

畜禽的质量性状中常常包含许多重要的经济性状，如毛色、皮质、角型等质量性状。与此同时，动物品种特征的均一程度，遗传缺陷的可剔除程度，以及遗传标记（如血型、蛋白类型）的可利用程度，均作为判断性状能否被改良的因素。此外，某些数量性状的主基因具有质量性状基因的特征，其在鉴别和分析方法上也采用质量性状基因分析的方法，因此质量性状对于育种工作具有重要的科学意义。

（一）毛色

毛色是决定不同品种奶牛外貌品质的重要标志。以高产的荷斯坦奶牛为例，黑色对于其他毛色为显性，特别对红毛基因呈完全显性。同时，决定奶牛白斑的是另一基因位点上的一对等位基因，若奶牛全一色无白斑则含有显性基因 S，若奶牛呈花斑则含有隐性基因 ss，与此同时，奶牛花斑的大小及性状受其他修饰基因的调控。

长期以来，奶牛的毛色受到育种者的高度关注。毛色均匀，毛片美观的奶牛常作为育种者的选育对象，因毛色与生产性能呈正相关。但若过分追求奶牛的毛色类型和毛片形状可能导致某些毛色不理想但具有高产性能的奶牛遭到忽视或淘汰。长此以往，不利于牛群遗传改良，育种工作将受到限制。为减少这一情况的发生，不同国家的许多品种协会调整了优良奶牛毛色类型和毛片性状的评定标准。近年来，国际上不仅将几乎全白仅带有少量黑斑的奶牛或几乎全黑仅带有小面积白毛片的奶牛归为荷斯坦奶牛品种进行登记（图 2-1，https://image.baidu.com），同时也使带有红毛基因但育种性能高的公牛精液在育种研究中受到新关注。

（二）角型

位于奶牛常染色体上的一个基因位点上的两个等位基因负责调控奶牛有角或无角性状。无角基因对有角基因为不完全显性。研究表明，奶牛有角（图 2-2，https://image.baidu.com）或无角（图 2-3，https://image.baidu.com）对于奶牛产奶量或乳品质无显著相关关系。大量育种研究之所以选育无角奶牛品系，并不是因为无角奶牛具有更高的生产性能，而是因为无角奶牛更便于牛群的饲养管理。实际生产中我们常见的

图2-1　少量黑斑和全黑奶牛

从美国、加拿大等引进的荷斯坦奶牛大多为无角奶牛，有可能不是天生无角品种，而是通过机械设备或化学药物人工将角去掉的结果。因此，我们在建立无角奶牛品系时需注意可能会将部分有角的高产奶牛淘汰掉的情况。

图2-2　有角奶牛

（三）血型

血型是一种可以稳定遗传的质量性状。实际生产中，我们常常通过血液中抗原与相应抗体的相互作用或血液中蛋白质的电泳程度这两种方法来区分血型。现已确定，奶牛体内含有12种多态抗原系统，这些抗原

图 2-3   无角奶牛

系统中包括 60 多个不同的血型因子，并且每种血液的抗原系统中大多包含多个不同的等位基因。虽然血型的遗传效应较高，对于奶牛血型的相关研究起步也较早，但迄今为止的研究结果并不理想，奶牛的不同血型与其生产性能的相关关系并不明显。因此，用奶牛血型作为遗传标记，从而间接筛选奶牛生产性能的实践可能性较小。

（四）遗传缺陷

遗传缺陷是引起奶牛某些生理缺陷的原因之一，当某些隐性有害基因纯合时，对应的缺陷症状就会表现出来。根据这类基因损害作用的大小将其分为六类，包括致死基因、半致死基因、延迟致死基因、有害基因以及缺陷基因。奶牛纯种选育的目标之一就是要尽量避免或淘汰含有这些不良基因的奶牛个体，使整个群体遗传缺陷的发生频率降至最低，从而保证奶牛的健康，进一步高效发挥生产性能。

二、数量性状

数量性状指在遗传上受微效多基因控制的一类性状，此类性状易受到遗传因素和环境因素的双重影响作用，在群体中表现为连续性的数量变化。数量性状具有两个主要特征，变异情况呈连续性以及变异程度易受环境条件的影响。具体表现为个体间差异有时很难直接描述，需要借助相关度量工具进行准确度量后再进行比较。同时，数量性状常受多基因共同调控，且各基因的表达情况易受到环境因素的影响。

畜禽的主要数量性状包括乳用性状（如产奶量）、肉用性状（如肌间脂肪含量）、体型外貌性状（如乳头数）、生长发育性状（如体高）、繁殖性状（如睾丸围度）、适应性与抗病力性状（如乳脂率）等与生产相关的经济性状。

（一）产奶性状

奶牛的产奶性状主要包括产奶量、乳成分组成及乳成分含量等。实际生产中，为了准确比较产奶量的真实高低，应将不同泌乳奶牛的泌乳期长短、每日挤奶次数、泌乳奶牛年龄、奶牛产犊次数、奶牛产犊季节等因素校正为同等水平，以提高测量结果的准确性，降低实际产奶量的误差，在进行种公牛后裔测定时尤其需注意这一点。虽然校正后产奶量的准确性有所提高，但经过校正计算推测的产奶水平与泌乳奶牛实际的产奶能力之间仍存有一定误差，并且校正过程中涉及的校正项目越多，所得到的产奶量误差也越大。因此，为了能更准确地比较不同品种奶牛产乳能力的差异，试验中我们应尽量使用年龄相同，并在同一季节配种产犊的同一品种或不同品种的奶牛。

1. 产奶量

遗传力表示一个性状由于遗传因素造成的变异程度，遗传力是数量遗传学中的重要遗传参数，通过遗传力可以预测相关基因或性状的遗传进展情况，如果一个性状的遗传力偏低，那么此性状通过遗传选择的可能性就比较低。有关试验表明，荷斯坦奶牛305d产奶量的遗传力为0.30~0.45，说明产奶量的遗传效应较高，受环境因素影响较小。因此，我们可利用严格筛选得到的优良种公牛进行育种，从而提高种公牛选配母牛的质量，进而获得高产奶量的奶牛个体。

2. 乳成分

乳中各组成成分比例的遗传力也较高，受环境因素的影响较小。研究结果表明，产奶量与乳脂率、乳蛋白率之间多为负相关关系；乳中各成分之间是很高的正相关关系，如乳脂率与乳蛋白率，乳脂率与非脂固形物比率，乳蛋白率与非脂固形物比率等。

3. 胎次

研究结果表明，由于奶牛胎次的增加，产奶量的变化也有一定的规律性，奶牛第 1 胎的产奶量最低，2~5 胎产奶量逐渐升高，第 5 胎达到峰值，第 5 胎之后产奶量下降。

4. 初产月龄及产犊季节

研究表明，奶牛的初产月龄与其产奶量的相关关系并不显著。说明在不影响奶牛发育的情况下，提早配种并不会影响奶牛的产奶量。产犊季节对产奶量和乳蛋白率有一定的影响，其中春季产犊的泌乳奶牛其产奶量最高，夏季产犊的泌乳奶牛其产奶量最低。奶牛产犊后 40d 左右可达泌乳高峰期，并且某一胎次的高峰产奶情况对其整个胎次的产奶量有重要影响。

5. 泌乳期、空怀期和干奶期

产奶量随着泌乳月的增加呈先上升后下降的趋势，其中第 2 个泌乳月达到峰值。奶牛的空怀期和干奶期与其产奶量的相关关系明显低于泌乳期。空怀天数的增加会导致奶牛泌乳期的延长，这种情况不仅会影响这一阶段的泌乳期，也会将奶牛下一个泌乳期向后推迟，因此为避免空怀期对于奶牛泌乳量及泌乳期的影响，奶牛的空怀天数不宜过长。众所周知，泌乳奶牛的干奶天数与其产奶量呈负相关关系，奶牛的干奶期是其泌乳机能的恢复时期，为保证泌乳奶牛的健康，干奶天数不宜过短。但若将干奶天数设置过长，也会显著影响奶牛的产奶总量。因此，在实际生产中应将干奶天数设定为 60d 最为合适。

（二）繁殖性状

奶牛的繁殖性状中公母牛繁殖性能有所不同。反映母牛繁殖性能的指标包括母牛的早熟性、受胎率、连产性、多胎性及长寿性、母性能力等。母性能力是指母牛的哺育能力、断奶犊牛比例、犊牛断奶重、犊牛成活率和无助产性能等。反映公牛繁殖性能的指标包括睾丸围度、精子存活率、受精率等。繁殖性状的遗传力一般较低，因此欲提高奶牛的繁殖能力，主要应该加强牛群的饲养管理以及提高人工授精技术。

1. 乳房体尺

乳房大小以及挤奶前后乳房的变化可在一定程度上反映奶牛的产奶

能力。乳房体尺的各项指标中，乳房围的大小与产奶量之间的相关关系极显著，尤其是挤奶前乳房围数值越大，其产奶量越高。挤奶前后乳房围、乳房宽、左右半围的变化与产奶量具有极显著的正相关关系。挤奶前后乳房前距、后距的体尺之差与产奶量具有显著的正相关关系。挤奶前后乳房高、乳房深之差与产奶量之间的相关关系不显著（图2-4，https://image.baidu.com）。

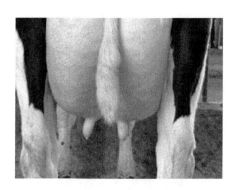

图2-4　奶牛乳腺

2. 乳头

研究表明，奶牛乳头的长短和粗细与产奶量之间的相关系数均不显著，即在一定范围内奶牛乳头的长短与粗细对奶牛产奶量高低的影响不显著。但过于细短或粗长的乳头不利于挤奶机的操作，从而造成奶牛产奶量的降低。

3. 乳房皮肤厚度

研究表明，奶牛乳房皮肤厚度与奶牛产奶量呈极显著的负相关关系。即随着乳房皮肤厚度的增加，奶牛产奶量会相应降低，且呈现线性关系。例如，经计算求得60d产奶量与乳房皮肤厚度的回归系数b=-1 939.406 kg/cm，即奶牛乳房皮肤厚度每增加0.01cm，奶牛60d产奶量减少19.394kg。

4. 奶牛的泌乳流速

奶牛的泌乳流速直接影响奶牛的产奶量。不同泌乳流速性状，包括最高流速、平均流速、机器挤奶所需时间、2min奶量百分率、2min奶量、1.5min奶量、第一个1min奶量、第二个1min奶量、第四个1min奶量、3min 平均流速均与奶牛产奶量呈极显著的正相关关系。其中最高流速、平均流速以及 3min 平均流速这 3 个泌乳流速性状与奶牛产奶量的正相关系数较高。例如，某项研究的回归分析表明，最高流速每分钟增加 1kg，60d 产奶量可增加 219kg（$y = 981.59 + 219.02x$），且奶牛泌乳的最高流速与其平均流速存在相关关系，相关系数为 0.941。

（三）生长发育性状

奶牛的生长发育性状主要包括体尺、体重、日增重（克/日）、饲料利用率（千克饲料/千克增重）和生长能力（一定时期内所达到的最大体重）。研究表明，生长发育性状与奶牛产奶量的相关关系既可表现为正相关关系也可表现为负相关关系。

1. 体尺

实际生产中一般测定的体尺指标包括体高、体长、胸围、胸深、尻长、腰角宽、腹围。研究发现，奶牛 305d 产奶量与其胸围、胸深、尻长、腰角宽、腹围之间呈极显著相关关系，然而奶牛的体长、体高与其 305d 产奶量之间的相关关系不显著。进一步对奶牛的腹围、腰角宽以及尻长进行研究发现，腹部和后躯发育良好的奶牛个体具有较高的产奶量，说明选育时应选择此类身形的奶牛以获得较优的产奶性能（图 2-5，https://image.baidu.com）。

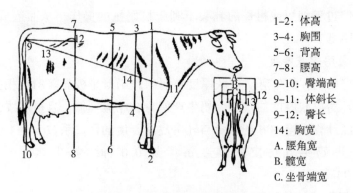

图 2-5　奶牛体尺测量示意图

2. 体重

奶牛体重与其产奶量之间相关关系的研究结果有负相关也有正相关，

不同结果之间差距较大。实际生产中，我们大多情况下倾向于选择体重较大、体高较长、胸围较宽的奶牛用于育种，其实际产奶量也确实较高些。但迄今为止，并没有一项研究明确证实奶牛的产奶量与体重之间的相关关系。因此，奶牛体重与其产奶量之间的相关关系有待进一步探讨。

3. 日增重与饲料利用率

研究表明，奶牛的日增重与其饲料利用率之间具有很强的负相关关系，同时奶牛的饲料利用率与其生长能力之间也呈现出一定程度的负相关。因此，我们可以利用这一间接的相关关系，在选育高产奶牛时避免选择测定过程较为繁琐的与饲料利用率相关的生长发育性状。

第二节　选　种

一、个体选择

奶牛育种的选种和选配工作是改善后代优良遗传性状、改变群体基因频率的前提条件。奶牛个体选配工作也是保证奶牛育种工作顺利开展的有效措施之一。在进行个体选择时，可以根据个体可被明显观察到的质量形状（如毛色）进行选择，也可以根据计数衡量的数量性状（如产奶量）进行选择。

（一）品种的选择

不同的奶牛品种及不同个体的奶牛其产奶能力相差较大。当前全世界奶牛品种中，各国选择最为普遍的品种为荷斯坦奶牛，旧称"黑白花奶牛"。该品种奶牛属大体型奶牛，其产奶量在各奶牛品种中最高。在良好的饲养管理条件下，平均年产奶量可达 5 000～7 000kg，年产 10 000kg 以上的牛群比较多见。除了荷斯坦奶牛之外，还有娟姗牛、更赛牛、爱尔夏牛、瑞士褐牛、丹麦红牛、乳肉兼用的西门塔尔牛等，这些品种的奶牛产奶能力也较强，但种群数量不如荷斯坦奶牛广泛。我国饲养奶牛品种中 95% 以上是中国荷斯坦牛（中国黑白花牛），此外还有新疆褐牛、三河牛及草原红牛等。近年来资料显示，美国个体产奶量最高的 1 头母牛 365d 产奶量为 30 833kg，乳脂率为 3.3%，而我国最高牛群产奶量已达 8 773.2kg。因此为了获得更高的生产性能,应首先选择荷斯坦奶牛,若在饲养条件较差的地区,则可选择其他适合品种。

(二) 个体选择

选好奶牛品种后,还要选好奶牛个体。一般主要是从体型外貌、产奶性能、年龄与胎次几方面进行选择。

1. 体型外貌

奶牛体型外貌的优劣与其产奶成绩关系非常密切。经反复实践证明得知,挑选具有良好体型外貌的奶牛,特别是那些具有良好乳房结构、肢蹄形态良好、健壮有力的奶牛个体对于提高群体产奶成绩至关重要。良种奶牛要求个体高大,棱角分明,颜色清秀,中躯长,背腰部不塌陷,胸腹宽深,腹围大而不下垂,肢蹄结实,乳房发达且附着良好,四个乳区匀称,乳头大小、长短适中,无副乳头,干乳期乳房柔软,泌乳期要求乳房表面静脉粗壮弯曲,整体丰满而不下垂。具体要求包括以下几个方面:体重体尺方面,美国的荷斯坦成年公牛体重要求为 1 100kg,体高为 160cm;成年母牛体重要求为 650kg,体高为 140cm;我国对于荷斯坦成年母牛体高要求南北方地区有所差异,北方地区要求体高为 136cm,南方地区要求体高为 130cm。体型方面,要求奶牛整体呈三角形结构,从前方看,以奶牛的鬐甲为顶点,顺其两侧肩部向下引 2 条直线,这 2 条直线越往下越宽,呈一个三角形结构;从侧面看,后躯应深,前躯应浅,奶牛的背线和腹线向前延伸应相交呈一个三角形;从下方看,前躯应窄,后躯应宽,两个体侧线在前方相交也呈一个三角形。对于奶牛而言,乳房结构是它最重要的功能性体型特征,良好的奶牛个体其乳房基部应前伸后延,且附着良好。4 个乳区要求分布匀称,后乳区应高而宽。各乳头应自然垂直呈柱形,且各乳头间距适宜。对于肢蹄,因为母牛的生殖器官及乳房均位于后躯部分,因此良种奶牛个体应具有强壮有力的后肢来提供支撑力。综上所述,在进行奶牛个体选择时,应优先考虑那些体型高大,乳用特征明显,消化、生殖、泌乳器官发达的奶牛个体(图 2-6, https://image. baidu. com)。

2. 产奶性能

奶牛的产奶量和乳成分含量(如乳脂率、乳蛋白率、体细胞数)这

图2-6 奶牛的优良体型外貌

两项指标可作为挑选高产奶牛最重要的依据。测定方法可以按月进行，即每月固定测量奶牛产奶量一次并将牛奶送至检测单位进行检测，分析乳中各成分含量，相邻两次测定的间隔时间不应少于26d，也不应长于35d。正常情况下，奶牛每年产犊1次，产犊前会停止产奶2个月，所以1个泌乳期的总产奶时间规定为305d，但对于高产奶牛，泌乳期也可为365d。从遗传学角度出发，奶牛的产奶量与其乳脂率呈负相关关系。即产奶量越高，其乳脂率可能越低。因此，在挑选高产奶牛时，除了考虑奶牛的产奶量之外，也应该对其乳脂率给予相应重视。对于产奶量较高但乳脂率过低的奶牛，千万不可选作种用。此外，高产奶牛除单次产奶量高的特征外还具有产奶高峰期持续时间长的特点。高产奶牛分娩后，其产奶高峰期的出现会比低产奶牛稍晚一段时间，如高产奶牛的泌乳高峰期一般在分娩后56~70d出现，且高峰期持续时间较长为100d左右；而低产奶牛的泌乳高峰期一般在产后20~30d出现。高峰期过后，高产牛产奶量的下降趋势也比低产牛缓慢。比如，泌乳末期时，低产奶牛一般自动停止泌乳，但高产奶牛则会持续产奶。

3. 年龄与胎次

奶牛的年龄与胎次对其产奶成绩的影响较大。一般情况下，奶牛的初配年龄定为16~18月龄或体重达成年牛体重的70%时可进行初配。奶牛分娩初胎牛和2胎牛时，其产奶量比3胎以上的母牛要低15%~20%；随着奶牛胎次数的增加，分娩3~5胎的母牛其产奶量会逐渐升高；但奶牛产犊 6~7 胎以后其产奶量将逐渐下降。研究结果显示，乳脂率和乳蛋白率会随着奶牛年龄与胎次的增长，略有下降。所以，为使单个奶牛或奶牛群体达到高产效果，育种时必须注意奶牛年龄与胎次的选择。例如，1 个高产牛群，如果平均胎次为 4 胎，其合理胎次结构应为：1~3 胎占 49%，4~6 胎占 33%，7 胎以上占 18%。

二、系谱选择

奶牛系谱包括奶牛品种、牛号、出生年月日、出生体重、成年体尺、体重、外貌评分等级、各胎次产奶成绩等详细内容。另外系谱中还包括奶牛个体的父母代及祖父母代的体重、外貌评分等级，以及该奶牛的疾病和防检疫、繁殖、健康情况等详细记录。根据奶牛的系谱资料挑选高产奶牛很关键，切记不可忽视这一过程。挑选奶牛时，应索要和查阅奶牛场档案，优良的品种都具有正规的个体档案。并且查阅档案时应注意以下两点：一是档案的有无，以及档案的真伪；二是档案记录是否完整。通过档案了解所购奶牛的品质优劣是系谱选择的主要方法。

三、同胞选择

同胞选择也称旁系亲属选择，就是根据奶牛个体的兄弟姐妹、堂兄妹或表兄妹等的体重、外貌评分等级、各胎次产奶成绩等详细内容进行选择。同胞个体选择的亲缘关系越近，所提供的资料信息就越有参考价值。

四、后裔选择

后裔选择是根据后代的生产性能、繁殖性能、体型外貌评分、等级情况等详细内容来评定亲代（主要为种公牛）是否为优良个体的一种鉴定方法，也是推测及确定种公牛能否将优秀的品质稳定地遗传给后代的可靠方法。这种方法特别适用于不能根据种牛本身成绩而选择的性状（如泌乳力、产肉力、产羔率）。当用同期比较法计算出某一头公牛的相对育种值高于100%时，就表明这头公牛对该牛群的育种改良有提高的作用，这种公牛可称为优良公牛。

五、综合指数选择法

综合指数选择法（Comprehensive index method）是对同时要选择的几个性状的表型值，根据其经济重要性、遗传力、表型相关和遗传相关，进行不同的适当加权而综合制定一个指数，再按指数的大小决定家畜选留的一种选择方法。这是一种较现代化的选择方法，它以原始资料为依据，借助于有关的遗传参数，利用数学以及电子计算的手段而求得的一系列指数方程式，进而利用求得的公式对奶牛加以选择。此方法既考虑了不同性状自身含有的相对经济价值，又考虑了各性状之间的遗传相关关系，以及每个性状的遗传力，能够综合评定不同个体的遗传效应，从而使一个或几个性状稍差，但另一项重要性状表现优良的个体留为种用，所以是一种综合客观评定不同优势个体的好方法。

第三节　选　配

一、选配的原则

选配就是根据母牛个体或等级群的综合特征，为其选择最适当的公牛进行配种，以期获得品质较为优良的后代。选种过程确定了想要培育的奶牛品种所需的优良性状，选配过程可进一步巩固选种的效果，所以选配实际上是选种的延续，是育种工作中不可缺少的重要环节。想要将选配与选种协调紧密地结合在一起，从而更好地达成育种目标，这就要求进行选种工作时应提前考虑选配的需要，为后续选配工作的进行提供必要的参考资料。同时又要求选配与选种相配合，使得亲代有益性状可以固定下来并稳定地遗传给后代。

奶牛选配的理想原则是以优配优，以优配中，以优配差，以中配中，以中配差。即用最好的公牛选配最好的母牛，同时要求公牛的各项品质和性能必须优于母牛。品种一般或较差的母牛，也要求尽可能与品种较好的公牛进行交配，从而使其后代的品质和性能得到一定程度的改善。例如，具有某种缺点（如体质柔弱）的母牛，不能用有同样缺点即体质较弱的公牛配种，而应该用体质结实的公牛与之配种。如果公牛的品质过于优良，想要扩大利用这一公牛的繁殖性能，应先经过后裔测验后再扩大培育。在种畜遗传性未经证实之前，选配可先按奶牛的外形和生产性能进行。因为种牛的优劣需根据后代品质做出判断，因此要求育种群的奶牛具有详细且系统的育种记录。再者，公牛的年龄应大于母牛或与母牛同龄，不允许年幼的与年幼的、年老的与年老的交配，也应避免血缘过近（嫡亲、近亲）的公母牛交配。

二、选配类型

选配类型包括个体选配和种群选配，个体选配又可分为品质选配和亲缘选配。品质选配着重于亲代双方的优良品质，又可进一步分为同质选配和异质选配。亲缘选配着重于交配双方的血缘关系。种群选配又分为纯种繁殖和杂交繁育。现就个体选配的方法作以介绍。

（一）品质选配

品质选配就是考虑交配双方品质异同的选配，包括同质选配和异质选配。同质选配指选用性状相同、性能一致的优秀公母奶牛进行交配，以期获得具有双亲优良性状的后代。异质选配就是选择在主要性状上有不同特点的公母奶牛进行交配，以期结合双方的优点，创造新类型的奶牛品种，或以一方的优点纠正和改进另一方的缺点，使后代在主要性状上达到理想型。

（二）亲缘选配

亲缘选配就是考虑交配双方亲缘关系远近的选配方法。双方亲缘关系较近者叫近交，反之叫远交。有共同祖先到交配双方不超过6代者即可视作亲缘选配，超过6代者即是非亲缘选配。在牛群内进行近亲交配，同时进行严格去劣存优，是使奶牛优良特性得以传递下去的有效育种方法。如果近亲交配使用不当，则会呈现许多不良后果。比如，后代生长发育缓慢，繁殖力下降，发病率增高，死亡率加大，甚至出现幼畜畸形等情况。所以，一般情况下要禁止近亲交配。

三、选配计划的制订

奶牛选配应考虑种牛本身的品质（如体质外貌、生长发育、产奶性能等）、年龄、血统和后裔等多个因素，为种牛选择最适当的配偶，才能获得更理想的后代。为了更好地制订选配计划，应严格考虑选配原则。

（一）明确目标

根据育种目标，对奶牛的群体及个体进行生产性能和体型外貌调查，秉承巩固优良特性、改进不良性状的目标进行选配。

（二）依照奶牛个体的亲和力和种群的配合力进行选配

根据以往的交配结果进行具体分析，找出那些交配后产生优良后代的选配组合，在继续延用此种选配的基础上，可增选具有相应品质的种牛进行交配。

（三）公牛的生产性能与外貌等级应高于与配母牛等级

因公牛有带动和改进整个牛群的重要作用，并且选留的数量低于母牛，因此对公牛的等级和品质要求都应高于母牛。

（四）保证品质选配

一般情况下，优秀的公母牛采用同质选配。对于品质较差的母牛，在特殊的育种目的下，才采用异质选配。对改良到一定程度的牛群，不能任意用本地的公牛或低代杂种公牛进行配种，这样会导致改良效果退化。与此同时，选配也需避免相同缺陷或不同缺陷的公母牛交配组合，以避免加重缺点的叠加。

（五）控制近交

近交只宜在育种群必须使用时才可控制进行。在一般的繁殖群，主要采取远交这种普遍而又稳定的交配方法。因此，同一公牛在一个牛群中的使用年限不能过长，应定期做好血统更新工作。一般牛群的近交系数应控制在 6.25% 以下为宜。

第四节　育种方法

一、纯种繁育

纯种繁育是指同一品种的公母牛之间的繁殖和选育过程。若品种经过长期选育,已具有不少优良特性,并已完全符合经济需要时,即应采用纯种繁育的方法。其目的在于增加此品种的牛群数量,从而进一步提高品种纯度。因此,纯种繁育并不是简单的复制过程,它仍然是一个不断纯化性状特性的选育任务。在实施纯种繁育的过程中,为了进一步提高品种质量,应在保持品种固有特性、不改变品种生产方向的前提下,遵循下列原则。

(一) 加强选种和选配

要特别注意选择优秀的公牛个体,并扩大其利用率。运用好亲缘选配,以便使个体优良性状转变为群体特征。

(二) 掌握淘汰手段

只有对不良个体进行严格淘汰,才可能不断地改善和提高品种总体生产力和产品质量,坚持选用高标准、高质量的奶牛个体进行纯种繁育。

(三) 发展品种内部结构

积极促进育种牛群分化产生类型不同的牛群,避免不必要的亲缘繁育,使品种具有广泛的适应性。分布面积广的品种要形成一定数量的地方类型或生产类型。对有特殊优点的种公牛要及时建立品系,丰富品种内部结构,并通过品种间杂交,全面提高品种的生产性能。

(四) 对纯种繁育的牛群保证营养需要

积极创造条件,加强饲草、饲料生产,进行草场改良,搞好牛群饲养管理,坚持防疫制度,保证获得健康、结实、生产性能高的种牛群。

(五) 办好种牛场和良种繁育基地

应加强良种奶牛的统一管理和领导,有计划地扩大本品种的数量,并在有基础的地区,实行良种登记制度,防止不合格种牛参与配种。

（六）适当地引入外血

在纯种繁育中，为了提高某方面的生产性能，可以在不改变育种方向的前提下，按照选育需要，引入其他品种血液进行导入杂交。

二、杂交繁育

杂交繁育是指通过不同品种间的杂交创造出新变异，并对杂交后代进行选择和培育，从而产生新品种的方法。杂交可以在一定程度上结合不同品种的优点，产生的杂种优势使杂种动物在生活力、生产性能以及繁殖性能等方面表现优异。相关研究表明，杂交所产生的杂种优势对奶牛生产性状而言可达 6.5%以上，而对于奶牛的繁殖、健康和生活力等性状来说可达 10%以上。同时，杂交还可以抵消近交衰退。因此，杂交繁育体系在奶牛生产中的应用也可以达到预期提高综合生产效益的目的。

奶牛品种间杂交是一种高效的生产方式，通过利用品种互补优势及杂种优势来提高奶牛群体的抗逆性和繁殖效率，降低养殖成本，提高乳成分含量。目前，杂种牛可获得的经济效益高于纯种荷斯坦牛。在某些粗饲料丰富、牛肉售价高的地区，使用乳肉兼用型牛与奶牛杂交，可提高公犊牛和淘汰牛价值，从而进一步提高经济效益。然而，杂交繁育并不能解决饲养管理水平低、饲料条件不足、牛群存在繁殖障碍、品种整齐度差、选种选配不健全等问题。因此，在奶牛的实际生产中应合理使用杂交体系，充分考虑本地的饲料条件以及对杂交群体整齐度差的接受能力。

第三章　泌乳牛的繁殖

第一节　生殖器官及生理功能

奶牛的生殖器官由内生殖器官和外生殖器官组成，其中内生殖器官包括卵巢、输卵管、子宫和阴道，外生殖器官包括尿生殖前庭和阴门（图 3-1，https://img.51wendang.com）。

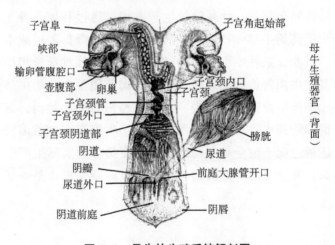

图 3-1　母牛的生殖系统解剖图

一、内生殖器官及其生理功能

卵巢由卵巢系膜附着于腰下部。在卵巢系膜和卵巢之间缺腹膜，此处称为卵巢门，血管、神经和淋巴管可以由此进入卵巢。卵巢上端与输卵管接触称为输卵管端，下端通过卵巢固有韧带与子宫角末端相连称为子宫端。奶牛的卵巢呈稍扁的椭圆形，一般位于骨盆前口的两侧附近。

初产和胎次少的奶牛卵巢稍向后移，大多在骨盆腔内；多产奶牛由于胎次增多，卵巢会稍向前移，位于腹腔中。卵巢没有排卵通道，成熟的卵泡和黄体在性成熟后可以突出于卵巢表面，破壁排出，排出后经腹膜腔落入输卵管起始部。卵巢的生理功能是促进卵泡的发育和排卵以及雌激素和孕激素的释放。

输卵管是位于卵巢和子宫角之间的一对可以输送卵细胞的细长弯曲的弯道，也是卵细胞受精的场所。它位于子宫底的两侧，内侧端与子宫腔相通，外侧端到达卵巢的上方，开口于腹膜腔。输卵管可以分为漏斗部、壶腹部和峡部三部分。漏斗部是输卵管起始膨大的部分，上面有许多大小不一的像伞的形状的皱褶，称为输卵管伞，奶牛的输卵管伞较大；壶腹部是位于漏斗部和峡部的中间的膨大部分，奶牛的壶腹部较长，弯曲较少，壁薄，是奶牛精子和卵子结合的部位；峡部短而狭窄，壁厚，输卵管结扎术常在此进行，末端以小的输卵管子宫口和子宫角相遇。当卵巢排卵后，输卵管伞部发挥自身的拾卵功能，将卵细胞摄入到输卵管中，然后运输到输卵管峡部等待精子受精。受精后，输卵管可以利用其蠕动功能和内膜纤毛的摆动功能将受精卵运输到子宫着床，继续妊娠。所以输卵管的主要生理作用是可以将卵子摄入和为精子与卵子的结合提供场所以及将受精卵运输到子宫。

子宫借子宫阔韧带附着于腰下部和骨盆腔侧壁，经产母牛多位于腹腔内，未生产或者初产奶牛位于骨盆腔内，在直肠和膀胱之间，前端与输卵管相接，后端与阴道相通。奶牛的子宫属双角子宫，可以分为子宫角、子宫体和子宫颈三部分。子宫角较长，呈绵羊角状，在子宫的前部，尖端与输卵管子宫口相通，后部汇集于子宫体，是一个前粗后细的结构；子宫体短，呈圆筒状，向前与子宫角相连，向后延伸为子宫颈；子宫颈前端和子宫体相连，为子宫颈内口，后端突入阴道，形成子宫颈阴道部，呈菊花状。子宫颈内腔狭窄，称为子宫颈管，子宫颈管由于黏膜突起的相互嵌合而呈螺旋状，平时紧闭，不易张开，发情时稍松弛，分娩时扩大。子宫体和子宫角的内膜上有 100 多个圆形隆起，称为子宫阜。未妊娠时，子宫阜很小，长约 15mm；妊娠时逐渐增大，最大的能与紧握的拳头差不多大，是胎膜与子宫壁结合的部位。子宫富于伸展性，有利于胎儿的分娩。子宫内膜的分泌物可为精子获能提供环境，也可为孕体提供营养，有利于胎儿生长发育。子宫颈在一般的情况下处于关闭状态，防止异物进入，发情时稍松弛并且可以分泌黏液利于交配和精子的进入；分娩时扩大利于胎儿分娩。子宫颈可以将一些精子导入子宫颈隐窝内，可以滤去缺损或者不活动的精子，避免过多精子进入受精部位。

阴道呈扁管状，位于骨盆腔内，背侧与直肠相邻，腹侧与膀胱和尿道相邻，前端有子宫颈的突入形成陷窝，称为阴道穹隆，后端和尿生殖前庭相接。阴道是交配的器官，精液在此处凝集，同时也是产道，阴道狭窄，可以保护产道免受微生物的侵袭。

二、外生殖器官及其生理功能

尿生殖前庭与阴道相似，也呈扁管状，位于骨盆腔内，直肠的腹侧，前端是阴道，后端与阴门相连。与阴道的分界称为阴瓣，在尿生殖前庭的腹侧紧靠阴瓣的位置有一个尿道外口。尿生殖前庭是交配的器官和产道。

在尿生殖前庭的后端，位于肛门腹侧，由左右两片阴唇构成，阴唇中间有一个裂缝称为阴门裂。两阴唇的上下两侧分别称为阴门背侧联合和腹侧联合，在阴门腹侧联合前方有一个阴蒂窝，在阴蒂窝里有小而突起的阴蒂。

第二节　母牛的发情与发情鉴定

一、发情季节

牛是全年发情动物，在相同的饲养情况下，经常每过 1 个周期就会有 1 次发情。如果已受胎，发情周期即中止，等到生产后再过一段时间，重新恢复发情周期。在农村饲养的黄牛以 5—9 月发情较多，水牛以 8—11 月发情较多，而牧区牦牛的发情主要集中在 7—9 月。

二、发情周期

发情是主要受卵巢活动规律所制约到一定年龄时所表现出的性活动

现象，它具有周期性。发情周期是连续两次发情开始的时间间隔，普通母牛的发情周期平均为21d，其变化范围为19~24d，一般青年母牛比经产母牛的要短。不同牛种的发情周期有所不同（表3-1）。

表3-1 不同品种母牛的发情周期

牛种	黄牛	奶牛	肉牛	水牛	牦牛
发情周期（d）	21（19~24）	21（20~24）	21（20~24）	21（16~25）	18~25

母牛的发情周期可以分为四个阶段，分别为发情前期、发情期、发情后期和休情期。这四个时期持续时间有所不同，发情前期母牛持续时间约为3d，不宜配种。发情期持续时间为1~2d，是配种的最佳时间。发情后期已不适合配种，此期为6~8d。发情后期和休情期可以统称为黄体期，如果发情期未受胎则休情期会持续一段时间，再进入发情前期，开始新一轮的发情周期。

三、发情表现

发情母牛比较敏感，躁动不安，不喜躺卧，喜欢走动，其活动量和步数可以增加几倍。当有人靠近时，它会回首凝望，神色异常。喜欢寻找其他母牛，嗅闻其他母牛的外阴，用下巴摩擦其他母牛的臀部。

在散养的牛群中，发情的母牛常常会接受其他牛的爬跨，或者会去追赶其他牛，爬跨其他牛。在发情初期，不太接受其他牛的爬跨，随着发情时间的增长，爬跨意愿越来越强烈，由不太接受其他牛的爬跨转变为主动去爬跨其他牛。爬跨的姿势也多种多样，有时还会出现两个牛互相爬跨。

母牛发情前期外阴会肿胀，表皮的细小褶皱会消失，随着发情高潮的到来，外阴肿胀增加，表皮上大的褶皱也会消失，发情高潮过后，肿胀渐渐恢复，直至排卵后才会恢复正常。

黏液在发情开始时呈稀薄、透明的状态，且含量比较少，随着进一步发情，黏液逐渐变得浓稠、半透明，量逐渐增多。在发情中期，即发情旺盛期的黏液牵缕性很强，从子宫流出的黏液像拇指一样粗。发情后期的黏液牵缕性降低，且混有乳白色丝状物，母牛躺卧时可以观察到

"吊线"的现象。发情末期，黏液量少，呈半透明状且混有乳白色黏液状物，最后黏液变为乳白色。具体见表3-2。

表3-2　发情征候与最佳配种时间段的关系

	发情早期	发情旺期	发情晚期
爬跨	爬跨其他牛、静立	接受其他牛的爬跨，爬跨其他牛	拒绝其他牛的爬跨与爬跨其他牛
行为	敏感、哞叫、躁动、多站立与走动，回首，尾随其他牛，自卫性强	尾随、舔其他牛，食欲减退，不安	恢复常态
阴户	略微肿胀	肿胀，阴道壁潮湿、闪光	肿胀消失
黏液	少而稀薄，拉丝性弱	量多，透明含泡沫，强拉丝性，二指作拉丝可达 6～8 次，丝可呈"Y"状	黏液呈胶状
持续时间	8h±2h	18h	12h±2h
配种	过早	最佳配种时段	过晚

四、发情鉴定

（一）外部观察法

外部观察法是通过母牛的外部表现来判断母牛是否发情，它是发情鉴定的一个重要方法。母牛在发情时会有性欲表现，此时外阴部充血肿胀，阴道黏膜潮红有光泽，并伴有乳浊的黏稠液体从阴部流出，阴门红肿，松弛并且保持湿润。母牛的食欲也会变差，频繁排尿，反刍时间减短，体温升高，愿意接受其他牛的爬跨，且被爬跨时会张开后腿和弯腰弓背，主动接受交配，也会鸣叫，寻找公牛。母牛发情时，子宫颈变软，略张大，子宫角也变大，触碰时会产生较强的伸缩反应。

（二）试情法

可以利用切掉输精管或者生殖器的公牛来试情，母牛接受公牛的爬跨时站立不动的为发情母牛。

（三）阴道检查法

发情母牛的阴道黏膜充血潮红，表面湿润光滑，而不发情母牛的阴道黏膜苍白，表面干涩。发情母牛的子宫颈外口充血，松弛，柔软，不发情母牛的子宫颈外口紧闭。这只能作为检查时的一个辅助方法，且检查时应注意手法要温柔，严格消毒，不可粗暴地伤害到母牛的阴道。

（四）直肠检查法

直肠检查是将手放入母牛的肛门，用手指检查子宫的大小、形状等，以及卵巢上卵泡的发育情况，以此来推断母牛的发情情况。在检查之前要先将指甲减掉，防止因指甲过长划伤母牛的黏膜，并且要充分的消毒。发情母牛的子宫颈较大，稍软，子宫角体积增大，坚硬，子宫收缩反应增强。卵泡突出卵巢表面，触碰时会有波动，发育初期为 1.2~1.5cm，发育最大时为 2.0~2.5cm。在排卵前的 6~12h，随着卵泡液的增多，卵泡的体积不断增大，波动增强。排卵之后会在原来的位置留下凹陷，然后会形成黄体。

第三节　奶牛人工授精

一、授精前的准备

（一）母牛的准备

一般的母牛可以站在颈枷床上进行输精，但是要对好动的母牛进行保定。要用 1% 新洁尔灭或 0.1% 高锰酸钾溶液给母牛的外阴消毒，然后用消毒毛巾由里向外轻轻擦干。

（二）器械的准备

输精用到的所有器械都要严格消毒，如果输精器为球式或者注射式，将输精器洗净包好后放入消毒盒内，然后蒸煮半小时或者放入烘箱烘干消毒。输精器不能交叉使用，一支输精器只能给一头母牛输精。通常在冻精所用的凯氏输精枪上套一层塑料膜，然后用酒精擦洗外壁消毒。

（三）人员的准备

输精人员应在输精前将指甲减短磨光，洗手消毒，用消毒毛巾擦干，再用75%的酒精棉擦手，待其自然挥发后即可。输精人员应该在操作前戴上内置少量石粉的长臂手套，穿好工作服和长筒胶鞋。

（四）精液的准备

精液解冻时应该封口端向上，棉塞端朝下，将精液放入40℃左右的温水中解冻，细管内颜色发生变化时立即将细管取出。输精人员也可以将细管放进贴身衣袋里，用自己的体温解冻精液。

二、人工授精的技术程序

主要包括种公牛精液的采集、处理及冻精的制作、保存、运输、解冻及输精等技术过程。

（一）精液的采集

采精时常常会选择健康、品种优良、无家族病史的公牛。对于产奶量低的母牛要选择产奶量高的公牛，乳脂率低的母牛要选择乳脂率高的公牛。为防止难产，一般会用"大配大，小配小，不大不小配中间"的原则，初产牛或者体型较小的母牛不应选择体型较大的公牛。牛常用的采精方法有假阴道法和按摩法，采精频率为每周两到三次，频率不宜过低或者过高，过低会降低经济效益，过高会阻碍公牛的生长发育和缩短其使用寿命。

（二）精液品质的鉴定

1. 精液外观性状检测法

奶牛的射精量为5~10mL，颜色为乳白色或者乳黄色，呈云雾状，pH值为6.5~6.9，一般同种精液pH值较低的比较好。

2. 精子活率检查

用显微镜观察时，在一个视野内沿直线前进的精子占精子总量的比例是精子的活率。活率一般用0~1.0的十级评分，一般为0.7~0.8。

3. 精子密度的检查

精子的密度是单位体积内精子的总量，牛的精液中每毫升的精子数量为 8 亿~12 亿个。

4. 精子的形态检查

用于输精的精子的畸形率不能超过 20%，要分别检测精子头部、尾部和颈部的形态，得出精子的畸形率。牛精子顶体异常率超过 14%，会显著降低受精率。

5. 精子代谢能力检测

精子生存时间是指精子在体外一定条件下的总的生存时间，精子生存指数是指相邻两次检查的相隔时间与精子平均活力的积，精子生存指数越大，证明精子的品质越好。

（三）精液的稀释

精液的稀释是指向精子中添加适宜精子生存，并能维持精子活力的稀释保护液。稀释保护液包括稀释剂、保护剂和营养剂，稀释剂可以扩大容量，保护剂可以减弱精清对精子的不利影响，创造适宜精子生存的条件，营养剂可以提供能量。

（四）精液的保存与运输

精液的保存是为了延长精子的存活时间，便于精子的运输，从而扩大精子的使用范围，现行精液的保存可分为常温保存、低温保存、冷冻保存。牛较为常用的是冷冻保存，即利用干冰或者液氮作为冷源，添加抗冻保护剂，将精子和精液冷冻为固体以便于长久保存。牛的冻精类型主要为细管精液和颗粒冻精。将合格的冻精做好标记，放入液氮罐内，经专人运输，装保护外套，装在车上时要放平稳，拴牢，防止碰撞，并且要及时补充液氮。

（五）输精

输精是人工授精的一个关键环节，适时将优质精子输入母牛的子宫是取得高受胎率的重要因素。母牛常用的输精方法为直肠把握子宫颈输精法，即在直肠内隔着直肠握住子宫颈外端，另一只手持输精导管避开尿道口插入阴门和子宫颈口进行子宫输精。

三、适时输精

适宜的输精时间为发情后 12h 左右或是排卵前。母牛从发情到排卵一般为 24~32h，卵子在排卵 3~6h 后到达输卵管的漏斗部，使用人工授精技术将精子送入子宫的存活时间一般为 30h，精子从子宫到输卵管需要几十分钟，卵子被排出后维持受精能力的时间约为 6h，如果在此时没有遇到精子，则失去了此次的受精机会，如果精子提前到达输卵管也会导致受精失败，发情母牛在接近排卵时的受精效果最好。一般用早晨发情傍晚输精，中午发情夜晚输精，傍晚发情次日凌晨输精的规律。发情期内输精 1~2 次，两次间隔时间 8~12h。

第四节　受精、妊娠与分娩

一、受精

受精（图 3-2，https://timgsa.baidu.com）是指精子穿入卵细胞，精子和卵子在输卵管壶腹部融合的过程。公牛的精子经过母牛的生殖道或者卵丘时，附睾分泌的去能因子被解除，精子获得穿透卵子透明带能力。获能的精子可以特异性地与卵膜上的某种糖蛋白结合，激发顶体反应，使得顶体外围的部分质膜消失，顶体外膜内陷、囊泡化，顶体内含物包括一些水解酶外逸。精子与卵子相遇后会触发顶体反应，精子头部的顶体膜与精子细胞膜融合、破裂、形成许多小孔，释放出许多蛋白酶和顶体酶，溶解卵子的透明带和放射冠，随后精子穿过透明带，精子会被卵子细胞膜的微绒毛紧紧抓住，随着卵细胞膜的肿胀，精子被逐渐吞进卵细胞内并进行一系列反应，完成受精作用。在精子和卵子结合的过程中，精子穿越透明带接触卵黄膜时，卵子会发出信号阻止后续精子继续进入卵子，该反应称为透明带反应，能防止多精受精的发生。

二、妊娠与妊娠诊断

（一）妊娠

妊娠是指受精卵在子宫内附植发育形成胎儿的过程。妊娠的开始是卵子受精，妊娠的维持需要黄体期的延长，妊娠的结束是胎儿及其附属物从母体排出，不同品种母牛的妊娠期有所不同（表 3-3）。

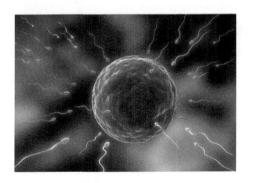

图 3-2　受精过程

表 3-3　不同品种母牛的妊娠期时间

品种	平均妊娠期（范围）（d）
荷斯坦牛	278.0（275~282）
娟姗牛	279.0（277~280）
婆罗门牛	285.0（280~290）
牦牛	256.2（250~275）
短角牛	283.0（281~284）
夏洛莱牛	287.5（283~292）
安格斯牛	278.4（256~308）
西门塔尔牛	279.0（273~282）
利木赞牛	292.5（292~295）
水牛	310.0（300~320）

1. 早期胚胎发育

精子和卵子形成合子，标志着受精的结束，自此受精卵开始发育。受精卵发育可以分为桑葚期、囊胚期和原肠期。合子在透明带内进行细胞分裂，由 1 个细胞分裂为 32 个细胞，此时致密团的形状形如桑葚，故此期被称为桑葚期，此期的细胞具有全能性。随着桑葚胚的发育，细胞团中出现一个充满液体的小腔，此时为囊胚期。当发育成囊胚时，细胞进一步增大，透明带脱落，形成一个充满液体的腔状结构即胚泡。囊胚进一步发育形成了内胚层，即进入了原肠期。

2. 附植

早期胚胎依靠输卵管肌肉的收缩进入子宫，刚进入子宫时呈游离的状态，可以自由活动。随着体积的增长，胚胎的活动受到了限制，胚泡的滋养层发育成绒毛膜，其上绒毛与子宫内膜建立组织上和生理上的联系，这一过程称为附植，附植期间子宫和胚泡都会发生相应的变化。母牛排的一个卵在受精时，胚泡的附植位置是同侧子宫角下三分之一处；母牛排两个卵都受精时，附植位置平均分布到两个子宫角中。

3. 胎盘的形成

胎盘由羊膜、叶状绒毛膜和底蜕膜组成，是胎儿与母体进行物质交换的器官。羊膜和叶状绒毛膜构成胎盘的胎儿部分，前者是胎盘的最内层，后者是胎盘的主要部分。绒毛在胚胎发育的 13~21d 逐渐形成，绒毛内血管约在受精后第三周形成，此时建立起胎儿胎盘循环。底蜕膜构成胎盘的母体部分，在它的表面覆盖一层滋养层细胞，二者共同形成绒毛间隙的底，即蜕膜板。母牛子宫胎盘动脉穿过蜕膜板进入母体叶，母子之间的物质交换在胎儿小叶的绒毛处进行，这说明胎儿血液是经脐动脉直至绒毛毛细血管，经与绒毛间隙中的母血进行物质交换，两者并不直接相通。

4. 妊娠的维持

生殖激素、黄体、胎儿与母体的免疫反应以及神经调节等作用共同维持妊娠。

（二）妊娠诊断

妊娠诊断是通过仪器或者人工判断母牛是否怀孕、怀孕的阶段以及怀孕是否正常的一项技术。未妊娠奶牛若未检测出来会延长空怀期，降低繁殖效率和产奶量，造成经济损失。妊娠诊断要求早期、准确、简单，对妊娠无影响。

1. 直肠检测法和超声波检测法

奶牛的传统诊断方法有直肠检测法和超声波检测法，通常会使用这两种方法结合，即经直肠超声波诊断法。此外，还有一种经皮肤的检测方法。人工授精后 31~155d，经直肠超声波诊断法的准确率高于经皮肤超声波诊断法，但是在 156~196d，这两种诊断方法诊断结果相同。由于经皮肤超声波诊断法操作比较简单，一般会在妊娠的早中期用经直肠超声波诊断法，妊娠的中晚期用经皮肤超声波诊断法。超声波检测技术发现，在人工授精后 19d，未妊娠牛的黄体开始退化，而妊娠牛的黄体不发生改变，在 20~22d，妊娠牛黄体的体积明显大于未妊娠牛。

2. 妊娠相关物质诊断法

在妊娠期间，生殖器官的分泌水平和早期孕体的特异性表达会导致母体血液、乳汁中的妊娠相关物质如孕酮、妊娠相关糖蛋白（pregnancy associated glycoproteins，PAGs）的含量发生相应变化，我们可以根据妊娠相关物质的改变进行妊娠诊断。孕酮是由黄体产生的，未妊娠母牛的黄体会退化，则孕酮含量也会降低。妊娠母牛乳汁中孕酮的含量高于 7ng/mL，未妊娠母牛乳汁中孕酮含量少于 3ng/mL。PAGs 是由妊娠母牛胎盘滋养层细胞合成并分泌的一种糖蛋白，未妊娠母牛的 PAGs 含量一直维持在较低水平，而妊娠母牛的 PAGs 在 22d 开始升高，到 25~35d 时，已经显著高于未妊娠母牛。这种方法简单方便，但是一般配种要 4 周后才可以获得结果，可能会导致人工授精后未妊娠奶牛错过配种期，降低配种效率，增加经济成本。

3. 新型技术在奶牛妊娠诊断中的应用

随着高通量技术的发展，一些新型技术如转录组学、蛋白质组学、代谢组学及中红外光谱（mid-infrared spectroscopy，MIRS）也开始应用于奶牛的妊娠诊断。可以利用组学技术鉴定妊娠相关标志物如基因、miRNAs、氨基酸和蛋白质，然后根据妊娠相关标志物来进行妊娠诊断。目前，MIRS 技术主要是用来检测牛奶中脂肪酸、蛋白质或者矿物元素等营养物质的含量，在奶牛妊娠方面的研究不多。

三、分娩

经过一定的妊娠期之后，胎儿在母体内发育成熟，母体将胎儿及其附属物排出的这一过程称为分娩。

（一）分娩发动

分娩的最初刺激来自胎儿，但是最终是胎儿、激素、神经、机械性的伸张等多种因素共同调节。

1. 胎儿因素

胎儿的内分泌轴在妊娠晚期已经发育完善，当怀孕期满后，胎儿可以通过下丘脑-垂体-肾上腺轴（hypothalamic-pituitary-axis，HPA axis）传递信号给母体。

2. 神经因素

当胎儿的前置部位压迫和刺激子宫颈、阴道时，神经反射的信号会经脊髓传入大脑随后传入神经垂体，神经垂体释放催产素，刺激子宫肌肉收缩。

3. 内分泌因素

催产素可以使子宫产生强烈收缩；在妊娠期胎盘产生的雌激素可以促进子宫肌肉的生长以及肌动球蛋白的合成，为子宫收缩创造了条件；松弛素可以使妊娠末期骨盆和子宫颈松弛，利于胎儿的排出；肾上腺皮质激素作用于 HPA 轴，对于发动分娩起着决定性作用；前列腺素可以溶解妊娠黄体，消除孕酮对雌激素的抑制，可以刺激子宫收缩，还可以促进神经垂体释放催产素。

4. 机械因素

胎膜和胎儿的增长导致子宫的重量和体积的增加，胎儿对子宫的压力超过其承受的能力就会引起子宫的收缩活动，促进分娩。

5. 母体因素

胎儿发育成熟之后，胎盘的免疫作用减弱，母体出现对胎儿的免疫排斥，将胎儿免疫排出。

（二）分娩过程

分娩的过程可以分为开口期、胎儿排出期和胎衣排出期（表3-4）。

表3-4 分娩过程

时期	特征	阵缩	努责
开口期	从子宫阵缩开始至子宫颈完全开张的过程	有且为主要力量	无
胎儿排出期	从子宫颈口完全开张到胎儿全部被产出的过程	有	有且为主要力量
胎衣排出期	从胎儿被产出到胎衣全部被排出的过程	较弱	较轻微

第五节　现代繁殖技术

母牛在初情期后有了正常的发情周期以及繁殖能力，母牛卵巢中的卵泡和黄体在下丘脑-垂体-卵巢轴激素的调控下交替发育。原始卵泡库中腔前卵泡的发育依靠自分泌和旁分泌调节，不需要其他激素的调节。然而随着腔前卵泡进一步发育为有腔卵泡的过程需要促性腺激素的调节，当卵泡发育为 4mm 左右时则完全依赖于促性腺激素的调节。有腔卵泡在促性腺激素的调节下，一般需要 2~3d 发育为优势卵泡，优势卵泡的直径大于 8mm 时，合成分泌的雌二醇（estradiol，E2）含量增加，此时外周血液和该卵泡液中 E2 含量上升，有利于该卵泡的进一步发育。然而血液中高浓度的 E2 会反馈性抑制下丘脑的促性腺激素释放激素（gonado-tropin - releasing hormone，GnRH）以及垂体卵泡刺激素（follicle-stimulating hormone，FSH）和黄体生成素（luteinizing hormone，LH）的合成与分泌，从而降低外周血液中 GnRH 的浓度，最终抑制其他卵泡的发育。该优势卵泡则进一步发育为排卵卵泡，然后排卵。排卵后的卵泡颗粒细胞以及卵泡内膜细胞会在 LH 的作用下黄体化并分泌孕酮，孕酮可以负反馈抑制下丘脑的 GnRH 以及垂体 FSH 和 LH 的合成与分泌。若未配种或者配种后未妊娠，在发情周期 16d 左右，子宫合成分泌前列腺素（prostaglandin，PG），PG 会被释放进入卵巢，溶解黄体细胞，导致孕酮的浓度降低，孕酮的作用解除，又有一批卵泡开始发育，开始下一个发情周期。

一、同期发情

同期发情是指利用激素人为控制母牛的发情周期，使其能在固定时间内同时发情，从而保障人工授精和胚胎移植的顺利进行。对于大规模的养殖，常规的人工授精，费时费力，不利于管理，而同期发情处理后可以规模化养殖，集中生产，节约大量的人力财力。应用同期发情搭配适时输精可以降低漏配率，进而整体提高繁殖效率。常用的同期发情的方法包括孕激素法以及前列腺素法。

（一）孕激素法

孕激素能抑制卵泡生长，延长其黄体期，在实施时可以选择阴道栓塞法或者埋植法。阴道栓塞法是将含有固定量的栓塞放入母牛的阴道内，10d 左右时将其取出，同时在取出的前一天和当天注射一定量的孕激素，在后续的 3d 内，大部分奶牛会排卵。

（二）前列腺素法

前列腺素及其类似物可以溶解黄体细胞，缩短黄体期。一般在母牛生理周期的第 5~18d 会选择前列腺素法，因为只有在母牛的功能黄体期时，才会有发情反应，所以在前 5d 并不会产生溶解作用。一般会选择二次注射法，即第一次随机注射的，在随后的第 11d 进行第二次注射，之后的 24~96h 观察母牛的发情征兆。

二、超数排卵

超数排卵是在发情周期一定时间内给予母体外源激素刺激，从而使供体牛卵巢上多个卵子同时发育成熟并排卵的技术。由于腔前卵泡进一步发育为有腔卵泡的过程需要促性腺激素的调节，如果人为地外源注射促性腺激素，会增加外周血液中促性腺激素的浓度，促进多个卵泡同时发育为优势卵泡并排卵。研究发现，用马绒毛膜促性腺激素（pregnant mare serum gonadotropin，PMSG）处理供体牛后可促进腔前卵泡的有丝分裂以及数量，可促使直径大于 1.7mm 的卵泡避免发生闭锁反应，进一步发育为优势卵泡并排卵，增加排卵数量，却不能增加直径大于 1.7mm 的卵泡数量。PMSG 的半衰期较长，会对母牛的生殖道的生理功能造成影响，所以在进行超数排卵时一般不会用 PMSG，常用 FSH。FSH 半衰期较短，超排处理供体牛的效果相对较稳定，多次注射才能在血液中保持一定的含量。虽然连续 4d 每天注射一次也能产生同样的排卵效果，但是每天注射两次可以增加用于胚胎移植和冷冻的数量，所以一般会连续 4d 每天上午下午各注射一次，且每次注射的量递减。

根据在超排前是否需要观察到供体母牛的发情可以将超排的方法分为两种，一种是在供体母牛自然发情或者同期发情后的 8~13d，连续 4d

的上午下午依次递减注射 FSH，在第 4d 的上午下午同时注射前列腺素，在第 5d 上午观察供体牛的发情，晚上人工授精配种，12h 后再次配种，在注射 FSH 后的第 12d 采集胚胎。另一种是在发情周期的任意一天埋植孕酮制剂（CIDR），在埋植后的第 5d 或者第 7d 开始连续 4d 上午下午依次递减注射 FSH，在注射 FSH 的第 4d 同时注射前列腺素，其他步骤与第一种方法的相同。

三、胚胎移植

胚胎移植是将通过人工授精或者其他方式得到的胚胎，从供体移植到同种的生理环境相似的其他受体动物体内并生长发育成为新的个体的一种现代繁殖技术。胚胎移植的生理基础有以下几点：动物发情排卵后，同种动物供、受体生殖器官生理状态是相同的，有利于胚胎的移植；另外胎儿最初是游离的状态，没有附植，为胚胎的收集提供了条件；受体母牛的子宫不会对新移植的胎儿发生免疫排斥，这为胎儿的存活提供了条件；供体胚胎可以与受体母畜子宫建立正常的生理组织联系，但是供体胚胎的遗传物质不会受受体母畜的影响。在这些因素的共同调节下，供体胚胎可以在受体母畜子宫内健康成长，且遗传物质不会发生改变，最终发育为遗传性状优良的新个体。

新的个体的遗传物质来自供体母牛和提供人工授精精液的公牛，使得供体母牛和提供精液公牛的优良遗传性状借助受体母牛发挥作用，得到更多品种优良的犊牛。胚胎移植从很大程度上缩短了供体的繁殖周期以及孕期，提高了产犊效率以及产奶量，充分发挥了优秀雌性动物的繁殖能力。胚胎可以长期保存和运输，有利于家畜基因库的建立以及品种资源的引用与交换。此外，胚胎移植还是核移植、转基因和人工授精等胚胎工程技术的最后一步，具有重要的意义。

第四章 泌乳牛对营养物质的消化与利用

第一节 泌乳牛的消化道结构

泌乳牛消化系统包括两部分——消化道和消化腺。消化道由口腔、咽、食管、胃、小肠（十二指肠、空肠和回肠）、大肠（盲肠、结肠和直肠）和肛门组成。消化腺因其所在的部位不同，分为壁内腺和壁外腺。壁内腺位于消化管壁内，如胃腺、肠腺和黏膜下腺等。壁外腺位于消化管壁之外，有导管通消化管，如肝、胰和唾液腺等。消化系统的功能是通过口腔摄取食物，由咽和食管将食物运送到胃肠道内，混入由腺体分泌的消化液，加之胃肠道肌肉的运动，经过复杂的消化和吸收过程，最后将其剩余部分经肛门排出体外，以此保证奶牛新陈代谢的正常进行。

一、唾液腺和食管

(一) 唾液腺

泌乳牛的腮腺大部分位于咬肌后部表面，腮腺管开口于第 5 上白齿相对的颊黏膜上的唾液乳头。泌乳牛下颌腺发达，腺体下缘达下颌间隙与对侧腺体几乎相接，活体触诊时易与其外侧的下颌淋巴结相混。舌下腺分上、下两部。上部为短管舌下腺或多管舌下腺，腺体长而薄，以许多小管开口于口腔底。下部为长管或单管舌下腺，腺体短而厚，以一条总导管与下颌腺管伴行或全并，开口于舌下肉阜。唾液腺由 5 个成对的腺体（腮腺、下白齿腺、腭腺、颊腺、咽腺）和 3 个不成对的腺体（颌下腺、舌下腺和唇腺）构成。唾液腺分泌大量腺体进入口腔，然后进入胃肠道。1 头泌乳奶牛每天分泌唾液达 100L，其作用首先是提供水分，以保证饲料能够被咀嚼成糊状吞咽；其次是唾液内含有大量的盐类（主要是碳酸盐、磷酸盐以及少量钾盐和氯化钠，pH 值为 8.2），这些盐类作为一种缓冲剂，用来防止食糜在瘤胃内由于碳水化合物分解产生挥发性脂肪酸而变得酸度过高，将 pH 值保持在 6.5～7.5。这种高效缓冲性唾液的分泌效率在采食和反刍时比休息时高，且与瘤胃中挥发性脂肪酸的产生一样，其过程是连续的。

（二）食管

食管是一段从咽延伸到瘤胃贲门的肌肉管，是将食物由咽运送到胃的肌质管道，分颈、胸、腹三段。颈段食管开始位于喉和气管的背侧，至颈中部逐渐转向气管的左侧，经胸腔前口入胸腔。胸段食管又转向气管的背侧，继续向后延伸，穿过膈的食管裂孔进入腹腔。腹段食管很短，与胃的贲门相接。食管具有消化管的一般结构，分为黏膜层、黏膜下层、肌层和外膜层。其中黏膜上皮为复层扁平上皮，肌层全为横纹肌。黏膜表面形成许多纵行的皱襞，食管的肌肉组织和神经组织通过蠕动来移动食团，当食团通过时，管腔扩大，皱襞展平，利于食团下行。蠕动是平滑肌收缩和舒张共同作用的结果，使得食团在食管中做单向运动。泌乳牛的食管较宽，肌层全为横纹肌，在颈部位于气管的左侧。在胸腔段食管背侧有纵隔后淋巴结，牛患结核病时，该淋巴结肿大，压迫食管，造成嗳气困难，会出现慢性瘤胃胀气。

二、复胃结构

奶牛的胃位于腹腔内，是消化管的膨大部分。前接食管处形成贲门，后以幽门通十二指肠。牛共有 4 个胃，瘤胃、网胃、瓣胃和皱胃。网胃和瘤胃并没有完全分开，功能基本上相同，瘤胃内有大量的微生物繁殖活动，能起发酵作用，分解青、粗饲料中的纤维素和半纤维素，产生各种化合物而被牛体消化吸收。前 3 个胃无消化腺，主要起贮存食物和发酵、分解粗纤维的作用，称前胃；第四个胃有消化腺分布，能分泌胃液，进行化学性消化，故又称真胃。成年奶牛胃内容物占整个消化道的68%～80%（图4-1，https://wenku.baidu.com）。

食道将内容物清空并将其运送至由瘤胃和网胃共同形成的一个叫作胃前庭的凸起区域。成年反刍动物的瘤胃是一个非常大的器官，占腹腔

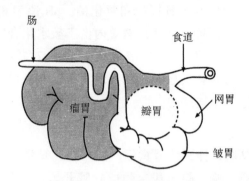

图 4-1　奶牛的复胃结构

的 3/4。瘤胃向左、右稍压扁，前后伸长。左侧面贴腹壁称为壁面，右面与其他内脏相邻称为脏面。瘤胃表面有明显的前沟、后沟、不太明显的左纵沟和右纵沟。纵沟将瘤胃分成背囊和腹囊，前沟和后沟很深，形成瘤胃房（前囊）及瘤胃隐窝（腹囊前端）、后背盲囊及后腹盲囊。瘤胃内壁存在大量的乳头状突起，这些突起可以增加瘤胃表面积，用以吸收微生物消化的终产物。网胃为一椭圆形囊，位于瘤胃的前下方，向前后稍压扁，与 5~6 肋间相对，前方紧贴膈，膈的胸腔面邻心包和肺。网胃的内部结构类似于蜂巢，是外来物的收集室，同时也是消化场所。其黏膜面有蜂窝状褶，褶上密布波折乳头，混杂于饲草中的金属异物易落入网胃底部。由于胃壁肌肉强力收缩，尖锐的金属异物会刺穿胃壁，造成创伤性网胃炎，并有可能刺破膈进入胸腔，刺伤心包或肺。所摄取的食物经过瘤胃和网胃这 2 个胃室，在瘤胃中的各种微生物（细菌和原虫）作用下可彻底被消化分解。

瓣胃是消化过程的下一个胃室，它由大量的肌肉层（瓣状组织）组成，功能是磨碎食物。其位于腹腔右肋部的下部，瘤胃房和网胃的右侧，与第 7~11 肋骨相对。牛的瓣胃外形为圆形，向左、右稍压扁。瓣胃黏膜上有各种不同高度的褶称为瓣叶，共百余片，瓣叶游离缘呈弓形凹入，凹缘朝向小弯，瓣叶的附着缘与胃壁黏膜层相延续。在网瓣胃口与瓣皱胃之间的胃壁部分又称为瓣胃底或瓣胃沟，后者一端通网胃和食管沟，另一端通皱胃。这个胃室的确切生理学作用还尚未被充分阐明，但是它除了具备磨碎食物的作用外，还能够吸收水分和挥发性脂肪酸。

皱胃为有腺胃，是一个功能类似于单胃动物胃的组织，其外形长而弯曲，呈前大后小的葫芦形，可分为胃底部、胃体部和幽门部3个部分。胃底部，邻接网胃并部分地与网胃相附着；胃体部，沿瘤胃腹囊与瓣胃之间向右后方延伸；幽门部，沿瓣胃后缘（大弯）斜向背后方延接十二指肠。皱胃腹缘称为大弯，背缘称为小弯，皱胃与十二指肠的通口称为幽门。皱胃黏膜内有大量胃腺存在，分泌胃液，参与消化。其中主要是胃底腺，而贲门腺（靠近瓣皱胃口附近）和幽门腺都很少。这个胃室的消化过程与单胃动物的胃非常相似。

三、肠

小肠在解剖学上被分为3部分：十二指肠、空肠和回肠。第一段的十二指肠起源于胃部的幽门括约肌，以一根短肠系膜附着于机体腹腔壁上，胆汁和胰液都会流入到这一段。接下来一段是空肠，小肠中最长的一段，系膜长，盘曲多，在腹腔内活动范围大。牛的空肠位于腹中部右侧，由较短的系膜固定在结肠旋襻的周围，肠壁内淋巴集结较大。空肠和回肠之间并没有明确的界限，于是人为地以回盲折的游离端来划分。回肠全长40~60cm，肠管平直，管壁较厚，回肠通入盲肠的开口称回盲口，回肠与盲肠底之间有回盲韧带，一般将回盲韧带附着于小肠的部分肠段算作回肠。小肠终止于回盲瓣，这是一个可以控制食糜从小肠流向盲肠和大肠的括约肌，这种结构可以阻止食糜倒流回小肠。在小肠的整个内壁上覆盖着大量的指状突起，称为肠绒毛。每根肠绒毛都由一根称为乳糜管的淋巴管和一组毛细血管组成。肠绒毛的表面覆盖着大量的微绒毛，它们为吸收提供了更多的接触表面积。

牛的盲肠和结肠是由几层肌肉所组成的。一层环形肌是结肠肠管的最基本部分，这种肌肉有利于结肠运动。除了这层肌肉外，3条纵向肌组成了结肠带。这些条状的肌肉组成了一组贯穿于结肠的袋状或囊状结构，这种结构称为结肠袋。食糜储存于这种囊状结构中，有利于水分的吸收。牛结肠几乎全部位于体中线的右侧，借总肠系膜悬挂于腹腔顶壁，在总肠系膜中盘曲成一圆形肠盘（结肠圆盘），肠盘的中央为大肠，周缘为小肠。牛的结肠较细，无纵带及肠袋，盘曲成一椭圆形盘状。可人为地将结肠分为初袢、旋袢和终袢。在结肠中可以发现大量分泌黏液的杯状细胞，但是没有类似小肠中发现的那种肠绒毛。在接近结肠末端处有一个一端封闭的囊状结构，称为盲肠。牛的盲肠发育并不完全，并且在消化过程中也无关紧要。盲肠可以吸收一些挥发性脂肪酸，但是大量的水和电解液是在结肠被吸收。直肠长 30~40cm，位于盆腔荐骨的腹面，直肠前段肠管较细，外面有浆膜被覆，后部膨大称直肠壶腹，该段后部无浆膜被覆，借助疏松结缔组织和肌肉连于盆腔背侧壁（图 4-2）。肛门为消化管的末端，牛的长约 40cm，其周壁有内、外括约肌，以控制肛门的开张和关闭。

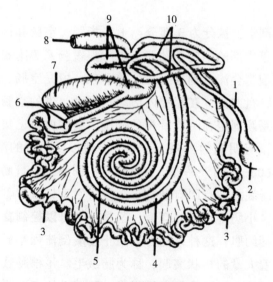

图 4-2　奶牛的肠道组成

1. 十二指肠；2. 皱胃；3. 空肠；4. 结肠旋袢离心回；5. 结肠旋袢向心回；6. 回肠；7. 盲肠；8. 直肠；9. 结肠初袢；10. 结肠终袢

资料来源：《畜禽解剖学》，陈耀星主编，中国农业大学出版社.

第二节　奶牛的采食与反刍

一、采食

在牛的口腔中主要发生 3 个物理过程：采食、咀嚼和吞咽。采食可以定义为把食物卷入口腔的过程。牛主要依靠口腔的各部分，如舌头、唇和牙齿来采食。咀嚼是一个咀嚼食物的过程，它包括物理性的磨碎和撕裂食物，并伴随着唾液的混合作用，唾液可以润滑食物，同时伴随着一些酶的消化作用。此时，经咀嚼后的食物形成了一个小而紧实的可进入后段消化道的球体，称为食团。吞咽就是咀嚼后吞入的过程，包括非主动和主动的反射。咀嚼完成后，食团被舌头卷入口腔的后部。食团通过咽喉部时，咽喉部的反射性关闭对呼吸有一个短暂性的抑制作用，食团最后通过食道进入胃部。牙齿在咀嚼过程中主要起机械性的辅助作用，通过对食物的撕扯、切断作用，增大了食物的表面积，从而增大了食物与消化液接触的面积。牛是食草动物，不需要很多牙齿去撕碎食物，所以，它们都没有犬齿，仅在下颌部有下门齿，在采食过程中用来切碎饲草。

舌头是牛采食的主要器官。牛的舌头可以伸得很长，上面长满了乳头状的突起，方便它卷住饲草和其他粗饲料。饲料被送入口腔后在门牙和齿板的不断作用下被切碎。在整个咀嚼过程中，舌头起了 3 个方面的作用。首先，舌头的运动使得饲料能被送到口腔的不同部位而被切短和嚼碎。与此同时，舌头也将饲料与口腔内各种分泌液混合，最终形成一个食团。其次，舌头上的味蕾构成神经控制系统，使牛能挑选饲料并控制采食量。如果饲料发苦或者味道比较差，来自于味蕾的刺激就产生让动物停止采食的信号。相反地，合适的味道能够刺激食欲。牛舌头的尖部布满大量味蕾细胞，而舌的中部只有极少量，舌后部的味蕾细胞密度是最高的。舌头的最后一个作用是启动吞咽动作，当食团已经充分混合好后，舌头将它送到口腔的后部，在那里神经受体受到刺激，吞咽动作开始发生。咽是控制空气和食物通过的结构。口腔末端、食管、鼻腔后部、耳咽管和喉通过这个器官而组合在一起。在吞咽动作的过程中，杓状软骨关闭通往喉部的通道，会厌软骨被动地覆盖住喉部通道。这使得食物安全进入到食道，从而防止任何食物进入到呼吸道。

二、反刍

反刍为奶牛采食饲料经初步咀嚼、吞咽，在瘤胃内贮存、浸泡和软化后再返回口腔进行加工的过程。反刍由一连串复杂的反射动作完成，包括逆呕、再咀嚼、再混唾液和再吞咽 4 个阶段。食物的粗糙部分刺激网胃、瘤胃前庭和食管沟黏膜的感受器引起其兴奋，冲动经迷走神经传入到脑干的逆呕中枢，经传出神经到达参与逆呕动作有关的肌肉，引起网胃附加收缩，声门关闭同时作吸气动作，发生食管舒张和逆蠕动，因此食物从瘤胃被逆送入口腔，完成逆呕动作。在逆呕过程中食物对食管、咽和口腔的刺激可反射地引起再咀嚼和唾液分泌。与采食时不同，反刍食团再仔细充分咀嚼，其次数随饲料性质和动物个体不同，一般 40~50 次，耗时不到 1min，此时只有腮腺分泌唾液。经再咀嚼和再混唾液的食团重新被吞咽入瘤胃并与其内容物相混合，其中比重较大的细小部分则经网胃、瓣胃管进入皱胃，从而完成对一个食团的反刍。间隔数秒钟，接着引起另一食团逆呕入口腔进行反刍，如此继续进行，持续 40~50min，反刍期自然停止，转入间歇期，经过一段时间，再开始下一次反刍期，表现周期性，称反刍周期。泌乳牛一昼夜有 6~8 个反刍周期，反刍期的总持续时间为 6~8h。反刍期停止的机理是：当网胃和瘤胃内容物经过一段时间反刍以后变为细碎状态，减弱了对网胃、瘤胃前庭和食管沟黏膜感受器的机械刺激，使其兴奋减弱。另外，由于细碎的内容物转入瓣胃和皱胃，增大了对这部分胃的压力，感受器受到刺激，引起对网胃收缩的反射性抑制，使逆呕停止，从而进入反刍周期的间歇期。在间歇期间，瓣胃和皱胃内容物转入肠中，对瓣胃和皱胃的压力感受器刺激减少，同时由瘤胃新进入网胃的粗糙饲料又刺激网胃、瘤胃前庭和食管沟等部的感受器，于是反刍又可重新开始。反刍是反刍动物特有的消化活动，通过反刍不仅使粗砺的饲料变得细碎，有利于瘤胃微生物发酵分解；在反刍时分泌大量碱性唾液，可中和瘤胃内发酵产生的酸，以维持瘤胃内适宜的 pH 环境；而且在反刍时能排除一部分瘤胃气体，对保持正常的瘤胃消化和整体健康状态都有重要意义。反刍在个体发育的一定阶段，当动物开始采食饲料后出现，通常在安静或休息时进行，并易受外界环境影响而暂时中断，因此应保证反刍动物每天有足够的时间反刍。观察动物的反刍活动状态是临床上诊断疾病和判断疾病预后的重要标志。

　　牛肠道中的细菌主要属于厚壁菌门、拟杆菌门和变形菌门，它们在纤维素、半纤维素、淀粉、蛋白质和脂类营养物质的降解与生成中有重要作用，而且可以产生乳酸、氨基酸、氨和脂肪酸等。

第三节　饲料营养物质的消化与吸收

一、瘤胃的消化及其调控

　　反刍动物的瘤胃可看作是一个供厌氧微生物繁殖的发酵罐，在整个消化过程中起着重要作用。营养物质在瘤胃中经微生物降解为挥发性脂肪酸、肽类、氨基酸及氨等成分，并被微生物用来合成菌体蛋白及 B 族维生素等物质。通过一定手段，对瘤胃内环境进行调控，使营养物质的利用率达到最优化，具有巨大的经济效益。

（一）瘤胃内环境的概述

　　瘤胃可看作是一个供厌氧微生物繁殖的发酵罐，具有微生物活动及繁殖的良好条件：食物和水分相对稳定地进入瘤胃，供给微生物生长繁殖所需要的营养；节律性瘤胃运动将内容物搅拌混合，并使未消化的食物残渣和微生物均匀地排入后段消化道；瘤胃内容物的渗透压与血液相近，并维持相对恒定；由于微生物的发酵活动，使瘤胃内的温度高达 $39\sim41℃$；pH 值变动介于 $5.5\sim7.5$，饲料发酵产生的大量挥发性脂肪酸不断被吸收入血液，或被随唾液进入的大量碳酸氢盐所中和，以及瘤胃食糜经常地排入后段消化道，使 pH 值维持在一定范围之内；内容物高度缺氧，瘤胃内的气体主要为二氧化碳、甲烷及少量氮、氢等，随食物进入的一些氧气，很快被微生物繁殖利用；瘤胃内拥有平衡的微生物区系。瘤胃内的微生物区系可分为细菌和纤毛虫两大类，目前研究已发现细菌有 60 多种，纤毛虫有 40 多种，都为厌氧微生物。反刍动物利用瘤胃微生物将各种饲料转化为宿主动物可利用的营养。瘤胃微生物之间既存在协同关系又有竞争作用，一种微生物的代谢产物可以被其他微生物利用，而不同微生物利用底物转化为发酵产物的代谢间相互依赖。因此，它们适应环境的能力大大加强，从而更好地维持瘤胃的内环境。

（二）瘤胃发酵在反刍动物营养物质代谢中的重要地位

反刍动物的饲料消化分为两部分：瘤胃微生物的发酵分解和动物自身的酶水解。摄入的饲料首先经过瘤胃的发酵分解，再经过消化道的消化吸收。研究表明：采食干物质的 40%～80% 在瘤胃中消化，其中，碳水化合物的 80%，粗纤维的 60%～95%，有机物的 60%～80%，粗脂肪的 10%～100% 均在瘤胃中消化。瘤胃中消化的能量占总消化能量的 23%～87%。可见，瘤胃发酵在反刍动物营养中占有举足轻重的地位。

1. 蛋白质在瘤胃中的代谢过程

进入瘤胃的饲料蛋白质，经微生物的作用降解成肽和氨基酸，其中多数氨基酸又进一步降解为有机酸、氨和二氧化碳。瘤胃液中的各种支链酸，大多是由支链氨基酸衍生而来。微生物降解所产生的氨与一些简单的肽类和游离氨基酸，又被用于合成菌体蛋白质。瘤胃降解生成的肽，除部分被用于合成菌体蛋白外，也可直接通过瘤胃壁或瓣胃壁吸收，尤其是分子量较小的二肽、三肽，逃脱微生物利用和直接吸收的肽，则又可在后胃肠道被进一步消化吸收。

2. 碳水化合物在瘤胃中的代谢过程

碳水化合物在瘤胃中降解为挥发性脂肪酸。其过程分为两步：第一步，复杂的碳水化合物被微生物分泌的酶水解为短链的低聚糖；第二步，低聚糖被瘤胃微生物摄取，在细胞内酶的作用下迅速被降解为挥发性脂肪酸——乙酸、丙酸、丁酸。在这一过程中有能量释放产生 ATP，这些 ATP 可被微生物作为能源用于维持和生长，特别是用于菌体蛋白的合成。

3. 脂类在瘤胃中的代谢过程

脂类在瘤胃中的消化，实质上是微生物的消化，其结果是脂类的质和量发生明显的变化。大部分不饱和脂肪酸经微生物作用变成饱和脂肪酸，必需脂肪酸减少；部分氢化的不饱和脂肪酸发生异构变化；脂类中的甘油被大量转化为挥发性脂肪酸；支链脂肪酸和奇数碳原子脂肪酸增加。

反刍动物利用的大部分营养物质是瘤胃发酵的终产物，主要是挥发性脂肪酸和菌体蛋白，这也说明瘤胃发酵使微生物的生长和瘤胃消化代谢达到最佳状态具有重要意义。然而，瘤胃发酵的有益作用也以某些养分的损失为代价，特别是能量和氨态氮的损失。通过调控瘤胃发酵，使发酵所导致的养分损失减少到最低程度，以便最大限度地发挥瘤胃发酵的有益作用。

二、瓣胃的消化

瓣胃内容物的干物质含量大约为 22.6%，水分比瘤胃和网胃的少。到达瓣胃的食糜中超过 3mm 的大颗粒不足 1%。瓣胃起"过滤器"作用，收缩时把饲料中较稀软的部分送入皱胃，而把粗糙部分截留在叶片间揉搓研磨，使较大的食糜颗粒变得更为细碎，为后段的继续消化做准备。瓣胃具有吸收功能，特别是在食糜被推送进皱胃之前，食糜中残存的挥发性脂肪酸（VFA）和碳酸氢盐已被吸收，避免了对皱胃的不良影响，保证了皱胃消化功能的正常进行。

三、皱胃的消化

皱胃的功能与单胃动物相同，能分泌胃液，主要进行化学性消化。胃液是由胃腺分泌的无色透明的酸性液体，由水、盐酸、消化酶、黏蛋白和无机盐构成。盐酸由胃腺的壁细胞产生，其作用是致活胃蛋白酶原，并为胃蛋白酶提供所需要的酸性环境，变成有活性的胃蛋白酶，使蛋白质变性，有利于胃蛋白酶的消化；杀灭进入皱胃的细菌和纤毛虫，有利于菌体蛋白的初步分解消化；进入小肠，促进胆汁和胰液的分泌，并有助于铁、钙等矿物质的吸收。胃液中的消化酶主要有胃蛋白酶和凝乳酶。胃蛋白酶在酸性环境下将蛋白质分解为肽和胨。凝乳酶主要存在于犊牛的胃中，它能使乳汁凝固，延长乳汁在胃内停留的时间，以利于充分消化。黏蛋白呈弱碱性，覆盖于胃黏膜表面，有保护胃黏膜的作用。皱胃主要进行紧张性收缩和蠕动，有混合胃内容物、增加胃内压力和推动食糜后移的作用。其中蠕动方向是从胃底部朝向幽门部，在幽门部特别明显，常出现强烈的收缩波。随着幽门部的蠕动，胃内食糜不断地被送入十二指肠。

四、小肠的消化

完整蛋白质不能被成年泌乳奶牛吸收或吸收的量十分有限，不具有营养价值。经胃消化后的液体食糜进入小肠，经过小肠的机械性消化和胰液、胆汁、小肠液的化学性消化作用，大部分营养物质被消化分解，并在小肠内被吸收。因此，小肠是重要的消化吸收部位。食糜进入小肠，刺激小肠壁的感受器，引起小肠运动。小肠运动是靠肠壁平滑肌的舒缩来实现的，有蠕动、分节运动和钟摆运动三种形式。其生理作用是：使食糜与消化液充分混合，便于消化；使食糜紧贴肠黏膜，便于吸收，此外，蠕动还有向后推进食糜的作用。为防止食糜过快地进入大肠，有时还出现逆蠕动。

小肠是蛋白质的主要吸收部位，来自饲料的未降解蛋白质和菌体蛋白均在小肠消化吸收。小肠液是小肠黏膜内各种腺体的混合分泌物。一般呈无色或黄色，混浊，呈碱性。小肠液中含有各种消化酶，如肠激酶、肠肽酶、肠脂肪酶和双糖分解酶（包括蔗糖酶、麦芽糖酶和乳糖酶）。进入小肠的食糜与胰液、胆汁和小肠内腺体分泌的消化液相混，与多种酶和其他物质接触，进行多种反应。胰液是胰脏腺泡分泌的无色透明的碱性液体，由水、消化酶和少量无机盐组成，pH 值为 7.8~8.4。胰液中的消化酶包括胰蛋白分解酶、胰脂肪酶和胰淀粉酶。胰蛋白分解酶主要包括胰蛋白酶、糜蛋白酶和羧肽酶，刚分泌出来时都是不具活性的酶原，这些酶在肠内活化后可使蛋白质水解变为肽和氨基酸。胰蛋白酶原经催化或肠激酶的作用转变为胰蛋白酶，糜蛋白酶和羧肽酶都可被胰蛋白酶致活。胰蛋白酶和糜蛋白酶共同作用，分解蛋白质为多肽，而羧肽酶则分解多肽为氨基酸。胰脂肪酶原在胆盐的作用下被致活，将脂肪分解为脂肪酸和甘油，是肠内消化脂肪的主要酶。胰淀粉酶在氯离子和其他无机离子的作用下被致活，可将淀粉分解为麦芽糖。胰液中还有一部分麦芽糖酶、蔗糖酶、乳糖酶等双糖酶，能将双糖分解为单糖。碳酸氢盐主要作用是中和进入十二指肠的胃酸，使肠黏膜免受胃酸的侵蚀，同时，也为小肠内多种消化酶活动提供了最适 pH 环境。胆汁是由肝细胞分泌的具有强烈苦味的碱性液体，呈暗绿色。胆汁分泌出来后贮存于胆囊中，必要时，胆囊内的胆汁经胆管，胰腺分泌的胰液经胰腺管排入十二指肠内。从皱胃进入十二指肠的食糜由于残留胃液而酸度很高，当食糜经过十二指肠后，其高酸性被碱性胆汁中和。如果食糜不经过十二指肠内化学性质的改变，则小肠内的消化和吸收就不可能发生。胆汁由水、胆酸盐、胆色素、胆固醇、卵磷脂和无机盐等组成，其中有消化作用的是胆酸盐。胆酸盐的作用是致活胰脂肪酶原，增强胰脂肪酶的活性；降低脂肪滴的表面张力，将脂肪乳化为微滴，有利于脂肪的消化；与脂肪酸结合成水溶性复合物，促进脂肪酸的吸收；促进脂溶性维生素（V_A、V_D、V_E、V_K）的吸收，因此，胆汁能帮助脂肪的消化吸收，对脂肪的消化吸收具有极其重要的意义。

由蛋白质消化而来的氨基酸和由碳水化合物消化而来的葡萄糖直接被吸收进入血液，并输送到身体各组织中去。脂肪的吸收比较完全，脂肪酸和其他类脂与胆盐结合，使之易于溶解，这些结合物形成乳糜微粒渗透入肠黏膜而进入淋巴系统。淋巴管与静脉系统相通，前端通过胸导管进入心脏，而脂肪酸在肠黏膜与甘油重新结合而形成中性脂肪，用作热能来源或贮存于脂肪组织。

五、大肠的消化

食糜经小肠消化吸收后，剩余部分进入大肠，盲肠肌肉复杂地旋转运动使其能够进行比较有规律地充满和排空。由于大肠腺只能分泌少量碱性黏稠的消化液，不含消化酶，所以大肠的消化除依靠随食糜而来的小肠消化酶继续作用外，主要依赖于微生物消化。大肠由于蠕动缓慢，食糜停留时间较长，水分充足，温度和酸度适宜，有大量的微生物在此生长、繁殖，如大肠杆菌、乳酸杆菌等。这些微生物能发酵分解纤维素和蛋白质，产生大量的低级脂肪酸（乙酸、丙酸和丁酸）和气体。另外，大肠内的微生物还能合成 B 族维生素和维生素 K。反刍动物对纤维素的消化、分解主要在瘤胃内进行，大肠内的微生物消化作用远不如瘤胃，只能消化少量的纤维素，作为瘤胃消化的补充。低级脂肪酸被大肠吸收，作为能量物质利用，一切不能消化的饲料残渣、消化道的排泄物、微生物发酵腐败产物以及大部分有毒物质等，在大肠内形成粪便，经直肠、肛门排出体外。

胃肠道中定植的微生物在动物体消化吸收营养物质的过程中具有关键作用，而且肠道菌群对免疫系统的形成非常重要。肠道黏膜可以分泌一种特殊的黏蛋白，它可以作为肠道内容物和肠上皮细胞之间的免疫屏障，分布在整个肠道管腔的上皮组织，不仅具有保护作用，而且对于微生物在肠道定植过程起着重要作用。牛的肠道生态系统可以帮助宿主消化机体自身难以降解的粗纤维物质获得能量。

此外，牛消化道中的真菌也在消化代谢中起关键作用，能降解奶牛饲料中的植物粗纤维，并与胃肠道中的细菌互利共生、积极协作。与含碳水化合物较高的精饲料相比，高纤维日粮更利于奶牛消化道内真菌的生长。牛胃肠道中有较少数量的古菌，其中产甲烷菌的作用更为显著，而且数量较多、多样性较高。奶牛消化道中定植着大量的共生微生物，结构组成和多样性较为复杂，但胃肠道存在适应其生长代谢的环境基础。

第五章　泌乳牛的营养与饲养管理

奶牛营养需要包括能量、蛋白质、脂肪、矿物质、维生素和水的需要。泌乳期奶牛的营养状况不仅影响产奶量，还影响乳成分。例如，适宜的蛋白质和粗纤维水平可提高乳脂率，乳中维生素含量与泌乳期日粮相关，乳中矿物质虽然与饲料中含量的关系不大，但是对奶牛的健康状况和免疫力有重要的影响。

第一节　干物质采食量

一、干物质的营养作用

饲料干物质是水以外的所有营养因素的载体（图5-1），干物质中包含无机物、含氮化合物、乙醚浸出物、粗纤维和无氮浸出物。奶牛干物质摄入量能够改变产奶量和乳成分（特别是乳蛋白率和乳脂率），采食更多的干物质就意味着更多的营养摄入，对奶牛的生产十分重要。

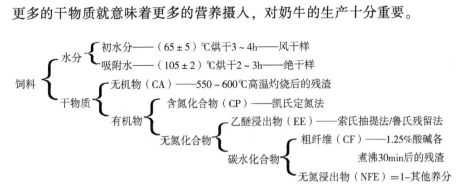

图5-1　饲料概略养分分析

二、干物质需要量

NRC（2001）提出了泌乳奶牛的干物质采食量：干物质采食量（kg/d）（DMI）=（0.372×FCM+0.0968×BW$^{0.75}$）×泌乳早期 DMI 下降的校正项。

其中，DMI——干物质采食量（kg/d）；FCM——4%乳脂率校正乳产量（kg/d）；BW———体重（kg）。

泌乳牛干物质的进食量和体重、产奶量有关，可用以下公式计算：

$$干物质进食量（kg）= 0.062BW^{0.75}+0.4Y$$

$$或 \qquad = 0.062BW^{0.75}+0.45Y$$

式中，Y 为标准奶产量，BW 为体重。

第一个方程适用于精粗比为 60：40；

第二个方程适用于精粗比为 45：55。

三、DMI 校正

奶牛产后 6~8 周可达产奶高峰，但 10~12 周才达到采食高峰期，所以采食高峰期滞后常跟不上泌乳需要，表现出奶牛能量负平衡，因此常需要在泌乳早期对 DMI 的预测进行校正，以表示泌乳奶牛的能量需要。

四、影响奶牛干物质采食量的因素

影响奶牛干物质采食量的因素，主要有奶牛的日粮、生理状况、管理水平、饲喂方式、环境和自身因素等。按照营养标准合理配制日粮，保持营养平衡，是增加干物质采食量的重要方法。

第二节　能量的营养需要

一、能量需要

奶牛能量单位（NND）是我国制定的奶牛产奶净能单位。即 1kg 含脂率 4%的标准乳所含的产奶净能（3.138MJ），作为一个奶牛能量单位。

奶牛能量单位一般用 NND、MJ、Mcal 表示。

二、维持需要

净能（NE）是用于生产和维持的能量，包括产奶净能（NE_L）和维持净能（NE_M）。我国乳牛饲养标准规定，奶牛的维持需要为：

第一胎：$401.7BW^{0.75}$（NE_L，kJ/d）；

第二胎：$368.2BW^{0.75}$（NE_L，kJ/d）；

第三胎及以上：$334.7BW^{0.75}$（NEL，kJ/d）。

奶牛每行走 1km，维持需要增加 3%；放牧情况下维持需要增加 10%~20%。

三、生产需要

根据泌乳量、乳成分确定产奶的能量需要，为了便于比较奶牛之间的产奶量，统一奶牛产奶性能，以 4% 乳脂率的牛奶作为标准奶量（FCM），FCM 公式为：

FCM = 0.4M+15M×F

M——产奶量，F——乳脂率（%）

如：日产奶 30kg，乳脂率 3.2%，需要产奶净能 26.4NND。

根据 NRC（2001）牛奶的产奶净能为：

NE_L（MJ/kg）= 0.3887×乳脂率（%）+0.2298×乳蛋白率（%）+0.1653×乳糖率（%）

四、增重或失重对能量需要的影响

NRC（1988）规定：

增重 1kg 体组织需要 NE_L 21.42MJ。

失重 1kg 体组织能提供 NE_L 20.58MJ。

我国规定：

增重 1kg 相应增加 25.104MJ 净能。

失重 1kg 相应减少 20.58MJ 净能。

第三节 蛋白质的营养需要

一、蛋白质的营养作用

（1）蛋白质构成体组织。奶牛肌肉、内脏、血液、神经、皮毛、酶激素、抗体等基本物质都是蛋白质。

（2）蛋白质是奶牛体组织再生、修复、更新的必需物质。奶牛通过同化作用和异化作用保持体内蛋白质的动态平衡。

（3）蛋白质是牛奶的重要组成，占 2.9%~3.5%。

（4）蛋白质也可作为能源物质。

二、非蛋白氮的营养作用

反刍动物能够利用饲料中的非蛋白氮合成微生物蛋白供机体使用，进入瘤胃的非蛋白氮被微生物降解，微生物利用这些分解产物合成微生物蛋白质，这些蛋白质随着瘤胃排空进入真胃和小肠，经过胃蛋白酶和肠蛋白酶分解为肽和氨基酸后被机体吸收利用。

非蛋白氮利用注意事项：

（1）控制用量，占精料用量的 1%~2%。

（2）注意使用方法，与干料混合喂 3~4 次/d。

（3）控制饮水，0.5~1h 内禁止饮水。

（4）日粮中蛋白质水平不宜太高。

（5）添加脲酶抑制剂。

三、蛋白质需要

（一）维持需要

我国奶牛饲养标准推荐，维持需要可消化粗蛋白（g）= 3.0g/kg（$BW^{0.75}$），小肠可消化粗蛋白 2.5g/kg（$BW^{0.75}$）。

（二）生产需要

泌乳奶牛特别是高产奶牛每天从奶中排出大量蛋白质，饲料蛋白水平不足会降低产奶量和乳蛋白率。

NRC（2001）以牛奶真蛋白质量计算，产奶所需代谢蛋白质（MP_L）为：MP_L（g/d）=（乳蛋白质量÷0.67）×1 000

我国奶牛饲养标准中，可消化粗蛋白量为牛奶的蛋白质量÷0.60，小肠可消化粗蛋白的需要量为牛奶的蛋白质量÷0.70。

泌乳需要的蛋白质量根据产奶量和乳蛋白而定，每1kg标准乳需粗蛋白85g或可消化蛋白55g。

产奶对粗蛋白和可消化蛋白质的需要也可按1kg标准乳含蛋白质34g计算，生产1kg标准奶需粗蛋白65g或可消化蛋白质49g。

第四节　日粮纤维需要

一、日粮纤维

日粮纤维中的主要成分是粗纤维，粗纤维是植物细胞壁的主要成分，包括纤维素、半纤维素和木质素等。反刍动物可以利用粗纤维，瘤胃中经发酵形成挥发性脂肪酸，是重要的能量来源，控制合适的挥发性脂肪酸比例对生产具有重要意义，一般来说乙酸含量升高有利于提高乳脂率，丙酸含量高有利于育肥。

二、日粮纤维的营养作用

（1）提供能量。
（2）改善胴体品质。
（3）促进胃肠道消化吸收。
（4）维持瘤胃的正常功能。

三、日粮纤维需要量

表5-1是年产奶量9 000kg的泌乳母牛一年的营养物质需要量和各种营养成分由粗饲料供应的比例，可见粗饲料占饲料干物质55%，日粮中约50%的粗蛋白和泌乳净能由粗饲料提供，80%~90%的中性洗涤纤

维来自粗饲料，机体所需的磷几乎都由粗饲料提供。

在奶牛的日粮中，中性洗涤纤维应控制在19%~21%，酸性洗涤纤维在28%~35%，这样才能维持奶牛瘤胃的健康，减少对干物质采食量的影响。非结构性碳水化合物应控制在33%~40%，才能为瘤胃微生物提供足够的能量。

表5-1　年产奶量9 000kg的泌乳母牛一年的营养物质需要量
和各种营养成分由粗饲料供应的比例

营养成分	年总需要量	由粗饲料供应的比例（%）
干物质（kg）	7 440	55
粗蛋白（kg）	1 280	49
泌乳净能（MJ）	50 208	52
中性洗涤纤维（kg）	981	79
咀嚼时间（h）	4 700	90
钙（kg）	70.4	51
磷（kg）	68.1	97

日粮粗纤维水平过高或过低均不利于泌乳母牛的生产。粗纤维水平过高，导致日粮营养浓度偏低，母牛容易产生体消瘦；粗纤维水平过低，则造成母牛反刍、唾液分泌减少，瘤胃呈酸性环境，导致消化代谢疾病增加，乳脂率和乳中干物质含量降低。高产母牛日粮中需要较多精料补充料以满足泌乳需要，高产母牛日粮中粗纤维水平可略低于标准，此时需要提供优质粗饲料，保证母牛高产稳产。

第五节　矿物质需要

一、常量元素

常量元素是机体内含量占0.01%以上的元素，这类元素在体内所占比例大、需要量多，是构成有机体的必备元素。常量元素包括钙、钠、钾、氯、磷、硫等。

（一）钙（Ca）

1. 生理功能

钙是奶牛骨骼和牛奶的组成成分；参与肌肉兴奋、神经冲动的传导；钙还可以充当第二信使负责细胞内的信号转导和促进生物酶的活化。

2. 钙的需要量

NRC（2001）推荐维持需要可利用钙 0.031g/kg。泌乳需要为 1kg 标准乳需要可吸收钙 1.22g，生产 1kg 初乳需要钙 2.1g。

我国饲养标准规定，每 100kg 体重的钙维持需要为 6g，每 1kg 标准乳需要供给 4.5g 钙。

3. 钙的吸收率为 30%～40%。

（二）钠（Na）

NRC（2001）推荐泌乳奶牛钠需要量为：每产 1kg 牛奶需要钠为 0.63g。我国饲养标准规定，每 100kg 体重的氯化钠维持需要为 3g，每 1kg 标准乳供给 1.2g 氯化钠。

（三）钾（K）

NRC（2001）推荐泌乳奶牛钾维持需要量为每 1kg 体重需 0.038g，另外每 1kg 干物质采食量需增加 6.1g。产奶需要为每产 1kg 牛奶需要钾 1.5g。

（四）磷（P）

磷能维持机体的酸碱平衡，参与机体的能量代谢形成高能磷酸键，并以磷脂、磷蛋白和核酸形式存在，此外磷还参与奶牛瘤胃微生物消化纤维素及微生物蛋白质的合成。成年奶牛血液正常浓度值为 4～6 mg/100mL，日粮缺磷会引起异食癖，发情不规律、受胎率低和流产等问题。

NRC（2001）推荐泌乳奶牛磷需要量为：产奶需要量（g/d）= 日产奶量（kg）×牛奶中磷含量（%）

我国饲养标准规定，维持需要为每 100kg 体重 4.5g 磷，每 1kg 标准乳供给 3g 磷。

二、微量元素需要

(一) 铜 (Cu)

铜是体内多种酶的组成成分，参与细胞内生物氧化，NRC（2001）推荐泌乳奶牛的铜需要量为每 1kg 牛奶 0.15mg。

(二) 铁 (Fe)

铁是血红蛋白和肌红蛋白中血红素的组成成分，也是许多酶的组成成分，参与动物体内生物氧化过程。犊牛容易缺铁，泌乳期奶牛出现缺铁状况较少。

(三) 锌 (Zn)

锌是多种酶和激酶的组成成分，犊牛缺锌会导致生长速度下降，采食量降低，精神萎靡和脱毛。成年牛缺锌，采食量下降，产奶量降低，机体消瘦，蹄炎发病率升高。日粮中锌的吸收效率为 15%，NRC（2001）推荐每 1kg 体重维持需要量为 0.045mg 锌，牛奶中锌含量为 4mg/kg，生长需要量估计为犊牛平均日增重需要 24mg。

(四) 硒 (Se)

硒是谷胱甘肽过氧化物酶的组成成分，也是细胞抗氧化系统的重要元素。硒能提高机体的免疫功能，降低奶牛乳房炎的发病率，缺硒表现为白肌病，繁殖力低下，在补硒的同时需要补充 V_E。NRC（2001）推荐每 1kg 干物质需要硒 0.3mg。

(五) 钴 (Co)

钴是钴胺素的组成成分，奶牛缺钴时表现为采食量下降，步态蹒跚，被毛粗乱和产奶量下降。NRC（2001）推荐奶牛钴需要量为每 1kg 干物质 0.11mg。

第六节　维生素的营养需要

成年奶牛的瘤胃微生物可以合成部分 B 族维生素和 V_K，所以饲料中不必额外添加 V_B 和 V_K，一般必须添加 V_A、V_D、V_E、生物素。但如果青饲料和青贮饲料供应不足，饲料中还必须添加部分 V_B。

一、脂溶性维生素

（一）维生素 A（V_A）

NRC（2001）标准推荐泌乳奶牛 V_A 需要量为每 1kg 体重 110IU。V_A 可以维持奶牛正常视觉功能、胎儿生长、精子发生以及骨骼和上皮组织生长发育。妊娠母牛缺 V_A 会出现流产和胎衣不下，犊牛缺 V_A 会导致抗病力下降和死亡率升高。

植物性饲料中含有 β-胡萝卜素（维生素 A 原）。添加的 V_A 有 60% 在瘤胃中被破坏，类胡萝卜素可以转化成 V_A 但效率低，而且类胡萝卜素容易氧化。

（二）维生素 D（V_D）

V_D 是钙调素的前体，参与钙、磷吸收和代谢调节。缺 V_D 会导致骨骼钙化不全，引起犊牛的佝偻病和软骨病，成年母牛的软骨病和产后瘫痪。动物皮肤中的 7-脱氢胆固醇经太阳光照射后能转化成 V_{D3}。奶牛体内一般发挥作用的也是 V_{D3}，所以饲料中需补充 V_{D3}。

正常奶牛血浆中 1,25-二羟维生素 D 浓度为 20~50ng/mL。当浓度低于 5ng/mL 时可认为 V_D 缺乏，浓度达到 200~300ng/mL 时认为 V_D 中毒。日粮中添加 5 000IU 或 10 000IU V_D 可使整个泌乳期 1,25-二羟维生素 D 浓度维持在 25~31ng/mL。

（三）维生素 E（V_E）

V_E 是一种抗氧化剂，V_E 与 Se 可协同作用，能够保护脂质细胞膜不受破坏，增强细胞和体液免疫反应，提高机体的免疫力和抗病力，促进合成前列腺素，是细胞色素还原酶的辅助因子，能减轻有毒元素对细胞的危害。缺 V_E 的奶牛表现肌肉营养不良、白肌病等。

一般日粮中不易缺乏 V_E，泌乳牛总 V_E 推荐量为每 1kg 体重 2.6IU。

二、水溶性维生素

（一）维生素 B 族（V_B）

维生素 B 族可以作为辅酶因子参与机体代谢，一般犊牛饲料中需添加，而成年牛不需要添加。近来研究发现，随着奶牛饲养管理体系的完善和生产水平的提高，奶牛瘤胃合成的维生素 B 族不能完全满足生产需要。例如，生物素，每 1kg 日粮添加 20mg 生物素能改善牛蹄健康；叶酸，从妊娠 45d 到分娩 6 周后，每周注射 160mg 叶酸，可提高泌乳中后期产奶量和乳蛋白含量。

（二）维生素 C（V_C）

V_C 又称为抗坏血酸，对机体酶系统起保护、调节、促进和催化作用，同时具有抗氧化和免疫效果，V_C 可在牛的肝脏和肾脏中合成。

奶牛瘤胃微生物可以合成大多数水溶性维生素，包括生物素、叶酸、烟酸、泛酸、吡哆醇、核黄素、硫胺素、V_{B12} 和 V_C 等，因此常规泌乳奶牛日粮中不需要额外补充。

第七节 水的需要量

一、水的生理作用

水的生理作用：水是一种理想的溶剂；水是动物机体的主要组成成分；润滑作用；水是一切化学反应的介质；调节体温。

缺水的影响：机体失水 1%~2%，产生干渴感觉，食欲减退，生产性能下降；失水 8%，严重干渴，食欲丧失，抗病力下降；失水 10%，生理功能失常，代谢紊乱；失水 20%，机体死亡。

二、泌乳期需水量

奶牛机体中的水主要来源于饮水、饲料中水分和代谢水，其中通过饮水方式可提供 70%~97% 的水。产奶阶段需水量最高，不易准确测得，一般通过畜牧生产中累积的经验而得。奶牛饮水量在 38~110L/d，成年反刍动物每采食 1kg DM，需 3~5kg 水。

根据 NRC（2001）推荐，泌乳奶牛自由饮水量（kg）= 15.99+1.58×干物质采食量(kg/d)+0.90×产奶量(kg/d)+0.05×钠采食量(kg/d)+1.20×最低温度(℃)。

三、动物体所需水的来源和去路

动物体所需水的来源：饮水，是水的最主要来源；饲料水，饲喂青绿饲料，可提供部分需水来源；代谢水。

动物体所需水的去路：呼吸，随气温体重变化而异；皮肤蒸发、出汗排水，与环境温度有关；粪尿排水；随乳汁排出体外。

排尿是机体内水的最主要去路，一般尿中排水量占总排水量的50%左右。肾脏对水的排泄有很大的调节能力，一般饮水越少，环境温度越高，动物活动量越大，由尿中排出的水越少。饲料中蛋白质、矿物质过高，饲料中含有毒素、霉变、抗生素类药物等，饮水量和排尿量增加。

第六章 泌乳牛的饲料及饲料供应

第一节 青、粗饲料

一、粗饲料及其加工调制

粗饲料的种类较多，包括牧草类、秸秆类等。粗饲料是奶牛养殖最基本的饲料，其作用是填充瘤胃容积，刺激瘤胃壁并保持瘤胃正常的消化功能，为奶牛提供能量，提高乳脂率。饲喂奶牛时要做好粗饲料的选择与加工工作，提高饲料利用率。

常见的粗饲料主要特点是中性洗涤纤维（neutral detergent fiber, NDF）含量高（通常占干物质的60%以上），纤维木质化程度高，粗蛋白（crude protein, CP）含量相对较低，消化率低，适口性差。直接饲喂奶牛的粗饲料营养价值很低，而对粗饲料进行适当的加工处理能大幅提高其利用率。处理方式主要分为物理法、化学法、生物法和复合处理法。物理法主要包括切短、粉碎、浸泡、压块和蒸汽爆破等；化学法主要包括碱化和氨化等；生物法主要包括微贮、酶解等；复合处理法主要包括氢氧化钙与尿素复合处理、物理化学联合处理及生物化学联合处理等。

（一）干草及其加工方法

干草是奶牛重要的饲料，含水量在15%以下，可长期保存。干草饲料中质量最好的是豆科牧草，如苜蓿和三叶草，其优点是蛋白质、胡萝卜素、钙和其他矿物质的含量丰富。而禾本科牧草的蛋白质和钙的含量较少。

干草是由青绿的牧草即鲜草加工而成的。鲜草的含水量大，一般在50%以上，加工成干草需要进行一定时间的晾晒，或者进行人工干燥，使其水分达到15%以下。因干草经干燥后仍保持一定的青绿颜色，因此也称为青干草。制作干草时必须要注意收割期，适宜的收割期可以保持干草丰富的营养价值。如果收割期推迟，青草过度成熟，其中的蛋白质、能量和钙的含量减少，纤维素含量增高，干物质的消化率也随之降低。

干草的制作方法主要有人工干燥法和机械干燥法，人工干燥法是在自然条件下晒制干草。因牧草叶片中的营养价值最高，采用人工干燥法，易损失大量的叶片，从而造成营养物质的损失。因此在收集干草时要注意叶片收集，选择在牧草的叶片还未脱时将干草集成草堆，再经过2~3d的干燥即可。机械干燥法是通过高温气流使牧草迅速干燥，时间短，损失少，但是在干燥的过程中蛋白质和氨基酸受到高温影响会有一定的损失，并且青草中的维生素C和胡萝卜素也会受到不同程度的破坏。

（二）秸秆饲料及其加工方法

我国秸秆饲料的来源广泛，主要有玉米秸秆、稻草、麦秸、豆秸等。秸秆饲料的纤维素含量高、蛋白质含量少，钙、磷的含量也较少。因此，在饲喂前需要进行合理的加工以提高饲料消化率，常用的方法有粉碎、切短、碱化处理等。其中碱化处理法可以使粗纤维中的酯键打开，提高饲料的消化率和营养价值，目前使用较为普遍。

无水氨化法，先将秸秆的含水量调节到30%~40%，再堆成垛，在垛高的0.5m处加塑料管用来通氨。草垛使用0.2mm厚的塑料薄膜密封，再通入按秸秆重量3%的无水氨，最后封严。一般经过2~4周的时间即可制作成功。在使用调制成的氨化饲料饲喂奶牛前需要将秸秆晒干，以使氨味消散。

氨水处理法，这种方法是在秸秆上喷洒氨水。步骤是先将秸秆切短，然后堆放在窖中，与秸秆按照1:1的比例喷洒氨水，逐层装填，逐层喷洒氨水。等秸秆装满后，再使用塑料薄膜覆盖封严。调制的时间根据温度的不同而不同，一般在5~15℃需要4~8周，15~30℃需要1~4周，30℃以上需要约1周，调制完成后需要开封晾干使用。

二、青绿多汁饲料及其加工调制

青绿多汁饲料的合理饲喂可提高奶牛生产性能。青绿饲料种类很多，包括天然或人工栽培的牧草、农作物茎叶、蔓藤、蔬菜、块根、块茎类饲料以及瓜果类饲料。

青绿饲料的特点是鲜绿多汁，含水量高，可高达 75%~95%。其所含的干物质较少，消化率高，且含有丰富的维生素和钙质，是提高奶牛产奶量的重要饲料，可使奶牛生产出营养成分较为丰富的牛奶。青绿饲料的适口性好，并且青饲料中所含有的酶、激素以及有机酸可刺激奶牛的肠胃，有助于消化和预防奶牛便秘。在炎热夏季，饲喂青绿多汁饲料还可以起到防暑降温作用。但是在使用青绿饲料时要注意控制好用量，不宜饲喂过量，否则会限制其他营养物质的采食量，造成奶牛能量不足而影响生产性能。一般奶牛每天的青绿饲料采食量不宜超过体重的10%。在使用青绿饲料时无须特别的加工，可以直接饲喂，在饲喂时要注意搭配饲喂能量饲料。青绿饲料贮存时间不宜过长，否则易产生有毒物质。

青绿饲料含有较为丰富的蛋白质，其中豆科植物的蛋白质含量为3%~4%，草类植物的蛋白含量为 1.5%~3%。青绿饲料含有种类较为丰富的氨基酸和维生素，且粗纤维的含量较少，具有较高的消化率。青绿饲料在不同生长阶段的营养价值不同，在幼嫩期时，粗纤维和无氮浸出物的比例为（1~2）：1。随着青饲料进入衰老期，粗纤维的比重会随之增加。另外，青绿饲料中蛋白质的含量也会随着生长期的变化而发生变化，青饲料的生长期越长，蛋白质的含量越低。因此，要选择适宜的生长期来收割，一般收割青饲料的最佳时期是抽穗期或开花期。

多汁饲料主要指的是块根、块茎类和瓜果类饲料。多汁类饲料最大的特点是含有较高的水分，有的可高达90%。干物质中糖类和淀粉的含量较高，维生素的含量也较为丰富，粗纤维的含量较少。多汁饲料的粗纤维含量较少，适口性好，可以刺激奶牛的食欲，增加采食量，促进产奶量的提高，是饲喂奶牛的优质饲料。多汁饲料的蛋白质和矿物质的含量较少，并且具有轻泻作用，如果饲喂过量会导致奶牛腹泻。用于饲喂奶牛的主要多汁类饲料有甜菜、胡萝卜、马铃薯、甜菜渣和瓜果类饲料。

甜菜含有较多的糖和蛋白质，但是缺乏维生素和胡萝卜素。胡萝卜是饲喂奶牛的优良饲料，含有丰富的胡萝卜素，对繁殖力有促进作用；

马铃薯的淀粉含量较高，可以给奶牛提供能量，但是缺乏钙、磷等微量元素；瓜果类也是良好的多汁饲料，含有较为丰富的维生素和水分。在饲喂青绿多汁饲料时要有其他含水量较少而干物质含量较多的饲料搭配饲喂，以平衡营养。

青绿饲料一定要保持新鲜，因其含氮量较高，贮存不当易发生腐烂而产生有害物质，奶牛食用后会引起不良反应，因此，这类饲料在收割后要尽快饲喂，如果剩余也要堆放在阴凉处，不可将腐烂发黄的饲料喂给奶牛。贮藏胡萝卜时最好用湿沙土掩盖，防止腐坏以及营养流失。甜菜也不宜存放时间过长，否则会形成硝酸盐导致奶牛中毒。较硬的多汁类饲料，如胡萝卜、马铃薯等在饲喂前洗净切碎，以免奶牛采食时堵塞气管。一些豆科牧草，如苜蓿等含有较多的皂角素，奶牛采食过量后会受到胃酸刺激产生泡沫，使胃膨胀，严重时会引起死亡，因此饲喂时要适量。

三、青贮饲料及其加工调制

青贮饲料是饲喂奶牛的优良饲料，因其柔软多汁、气味酸香、适口性好，且原料中的营养成分保存较多。调制过程中蛋白质、维生素的损失少，因此可为奶牛提供较多的营养物质，是饲喂奶牛的主要饲料种类之一。

制作青贮饲料主要有以下工序：适时收割、适当晾晒、铡短、装窖、封顶。简单地讲就是：早收、快贮、铡短、压实、封严。

用于调制青贮料的原料主要有青贮玉米、牧草等青绿饲料。青贮饲料的营养成分主要由原料的刈割时间来决定，一般青贮玉米最佳的刈割期为腊熟初期、苜蓿在初花期，黑麦在抽穗期。用作青贮饲料的农作物秸秆收割过早会影响作物产量，收割过晚则会影响青贮质量。比如可以从两个方面掌握玉米秸秆的收割时间：一是看籽实成熟程度，乳熟早，完熟迟，腊熟正当时；二是看青黄叶比例，黄叶差，青叶好，对半就嫌老。即全株带穗青玉米要在整棵下部有3~4张叶变成棕色。单纯青贮玉米秸，要在玉米基本成熟，玉米秸有一半以上青叶时为宜。甘薯秧青贮应该在甘薯成熟后霜前割秧以保证青贮质量。

收割后的青贮原料水分含量较高，可在田间适当摊晒数个小时，使水分含量降低到 65%~70%。收割后的青贮原料适当晾晒后，要及时运到铡草地点切短，否则易使养分大量损失。青玉米秸切短至 1~2cm，鲜甘薯秧和苜蓿草切短至 2~4cm，切得越短，装填时可压得更结实，有利于缩短青贮过程中微生物有氧活动的时间。此外，青贮原料切得较短，有利于以后青贮饲料的取挖，也便于家畜采食。切短后的青贮原料应及时入窖，可边切短边装窖边压实。为了提高青贮饲料中蛋白质的水平，在调制时可以在其中添加适量的尿素，通过这种方式可将蛋白质的含量提高到 12%~13%。在调制青贮料时注意原料要保持清洁，装填前要将其切短，并调节到适宜的水分。装料时要边装边压实，最后进行密封，一般经过 30~45d 即可发酵完成。使用时需要多少取多少，剩料不可放回，并且在开窖使用前要做好青贮料的品质鉴定工作。

装窖时，首先在窖底垫一层 10cm 厚的干草，以吸收青贮秸秆中多余的水分。每装 30~40cm 就要压实一次，尽量避免空气滞留，造成秸秆局部腐败，大型青贮窖碾压时最好用履带拖拉机或农用四轮。农户青贮窖容积小于 10m³ 时，可用人踩压。多种原料混合青贮，应把切短的原料混合均匀装入窖内。同时检查原料的含水量。水分适当时，用手紧握原料，指缝露出水珠而不下滴。如果当天或者一次不能装满全窖，可在已装窖的原料上立即盖上一层塑料薄膜，次日继续装窖。尽管青贮原料在装窖时进行了踩压，但经数天后仍会发生下沉，这主要是受重力影响和原料间空隙减少引起的。因此，在青贮原料装满后，还需再继续装至原料高出窖的边沿 80~100cm，然后用整块塑料薄膜封盖，再在上面盖上 5~10cm 厚的长稻草或麦秸，最后用泥土压实，泥土厚度 30~40cm，用铁铲拍压成馒头状（或屋脊状），以利排水。要经常检查，当窖顶出现裂缝时及时覆土压实。

青贮原料的水分含量是决定青贮饲料质量的关键环节之一，原料的水分含量在 65%~70% 时青贮最为理想。如果原料含水量过低，装窖时不宜踩紧，易导致霉菌、腐生菌等杂菌繁殖，使得青贮饲料霉烂变质。如果原料含水量过高，降低了所含糖分的浓度，则会使青贮饲料发臭发黏，而且产生较高的酸度，降低食欲和采食量。青贮饲料开窖后，如果利用不好，常出现第二次发酵，使青贮饲料腐败变质。大容积青贮窖启用时，每次取青贮饲料要快速作业，每次一般不超过 30min，取完立即封闭窖口，并用重物压紧，防止空气进入窖内。最好随喂随取，尽量不要取出过多，以免暴露在空气中时间过长发生腐败变质。甲醛（0.7%）、乙酸（0.3%~0.5%）、丙酸（0.25%~0.4%）均有抑制微生物活动的作用。因此，对已进入空气尚未腐败变质的青贮饲料，喷洒上述药品，可防止二次发酵。

第二节　精料补充料

一、能量饲料

能量饲料主要包括谷实饲料如玉米、大麦、小麦、高粱、麦麸，块根饲料如马铃薯、红薯等。饲料中的能量水平过低，奶牛的生产力就会下降，奶牛的产奶高峰期就会大大缩短，而过高的能量水平对奶牛的健康也会造成不良影响引起疾病。当奶牛饲料中能量水平高于标准水平的60%时，奶牛产奶后就容易出现瘫痪和乳房炎，因此要合理地搭配使用能量饲料。另外，奶牛处于不同泌乳阶段，可饲用不同的能量饲料以便提高饲养效益和乳品质。

玉米是世界三大谷物之一，世界上大约65%的玉米都被用作饲料，是畜牧业赖以发展的重要基础。玉米的能量价值在所有谷物饲料中是最高的，是反刍动物日粮中重要的能量物质，玉米中淀粉含量较高占72%~74%，易被消化吸收且利用率高。

小麦按种植时间分为冬小麦、春小麦，按皮色分为红小麦、白皮麦、花麦，按麦粒质地分为硬质小麦和软质小麦。硬质小麦的蛋白质含量（13%~16%）比软质小麦（8%~10%）高，但干物质、能量及蛋白质利用率两者相差不大。小麦赖氨酸含量为 0.31%~0.37%，小麦的化学成分在很大程度上受到小麦品种、籽粒颜色、土壤类型、环境状况、肥育状况的影响。

饲用高粱与其他作物相比，产量高、品质好。饲用高粱植株高大粗壮、茎秆多汁且茎叶繁茂，营养成分高，奶牛喜食，且易于消化吸收。高粱抗逆性强、适应性广。抗旱、耐涝、耐盐碱、抗病害，在一般的耕地和轻盐碱地均可种植。饲用高粱茎秆汁液丰富、甜度高、秆脆、粉碎速度快、省工且质量好，青贮后质地细软、适口性极佳，奶牛食用后利用率高。

二、蛋白质饲料

奶牛在维持其正常的生命活动和进行牛奶生产时，必须从饲料中不断获取所需的蛋白质。蛋白质饲料是提供高产优质牛奶的基础，而我国的饲料资源紧缺，尤其是蛋白质饲料，越来越依赖进口。因此，在奶牛生产中必须高效利用蛋白质饲料资源，以降低生产成本，节约粮食和饲料资源。蛋白质饲料使用不当或能氮比不当，可造成地表和水体的污染，使水体富营养化。由于过量的氮在奶牛体内难以吸收而形成氨气排出，直接对大气形成污染。不同蛋白质饲料间由于品质不同，主要是必需氨基酸含量不同，需合理搭配以保证奶牛摄入足量、合理的蛋白质。

植物源的蛋白质饲料

菜籽粕是对油菜籽直接压榨或进行溶剂提取加工除去绝大部分油后得到的饼粕，芥子油含量不超过2%，其蛋白质含量不少于35%，粗脂肪含量不高于12%。

棉籽粕是通过溶剂提取加工除去大部分油后精磨成片或经机械压榨加工除去大部分油后精磨成饼而得到的产品，其CP含量不得低于36%。棉籽粕纤维含量高、能量含量低且蛋白质可消化性较高。当日粮中总干物质中棉籽产品（棉籽和棉籽粕）含量不超过15%时，棉酚的毒性和棉酚对繁殖不利的影响可以不用考虑，无论是整棉籽还是棉籽粕，其饲喂上限都应受到控制。

大豆粕是全大豆或去皮大豆采用溶剂提取法除去大部分油后磨成片得到的产品。从全大豆得到的产品，其粗纤维含量不得超过7%，水分含量不得超过12%，粗纤维含量不得超过3.5%。机械压榨大豆饼是采用机械压榨法从全大豆除去大部分油后加工成饼状或片状产品，其粗纤维含量不得超过7%，水分含量不得超过12%。全大豆饼和去皮大豆饼风干状态下的 CP 含量分别为 44% 和 48%。

三、矿物质饲料

日粮矿物元素转变为离子，并且通过主动或被动方式从动物胃肠道吸收。主动吸收是指矿物元素通过肠壁由肠腔泵入肠细胞的过程，主动吸收的矿物质元素包括钙、磷和钠。通常主动吸收是逆浓度梯度进行的，即矿物质由低浓度被泵到高浓度，此过程消耗能量。大部分矿物质的吸收是以被动吸收方式进行的，即元素通过胃肠道表层从高浓度流向低浓度。因此被动吸收的数量受到饲料中和体内元素浓度的影响很大。矿物元素主要以离子形式吸收，消化糜中的一些成分可能与矿物质结合（螯合），使其不能被动物吸收。植酸、草酸盐和脂肪都能结合某些矿物元素，因此降低了其对动物的可利用性。矿物元素的存在形式（有机和无机）和肠道的 pH 值，也影响吸收。矿物质有时会干扰其他必需元素的利用，例如过量的钙会干扰磷和锌的吸收。泌乳奶牛的细胞对矿物质的需要量较低，但由于吸收量较少，所以需要增加日粮中的矿物质含量。

奶牛所需要的铁、铜、锰、锌、钴、碘、硒等微量元素，虽然仅占其体重的 0.0001% ~ 0.01%，但保证了奶牛的骨、牙、毛、蹄、角、软组织、血液和细胞的需要，对集约化饲养和人工配制的饲料，微量元素添加剂必不可少。饲料中填足各种微量元素，可使牛奶产量提高 3% ~ 20%，饲料转化率提高 11% ~ 25%。缺乏微量元素的奶牛生长发育迟缓、繁殖性能降低，产奶量下降，发生代谢性疾病，严重者死亡，造成经济损失。

目前我国常规的矿物质饲料添加剂有食盐、碳酸钙、贝壳粉、蛋壳粉等。新开发的矿物质添加剂有海泡石、膨润土、稀土、凹凸棒石、蛭石和泥炭、麦饭石、沸石等矿物质。

矿物质饲料添加常是无机化合物，多以矿物盐中的硫酸盐居多，因其价廉和效果好而被广泛应用。但这些矿物盐类均为强酸弱碱盐，因而对动物胃肠产生刺激，甚至造成不良影响。同时，这些盐因自身易吸湿结块而难于加工。通过改进后的有机化合物，即有机酸元素系列，如乳酸铜、富马酸亚铁，葡萄糖酸锌等有机酸金属的"配位化合物"，大大提高了矿物微量元素的利用率及生物功效。而目前已研制并应用的矿物微量元素饲料添加剂第3代产品"氨基酸微量元素螯合物"具有更好的饲喂效果。

氨基酸微量元素螯合物是指由氨基酸（或短肽物质）与可溶性金属盐中的金属元素（铁、铜、锰、锌等），在一定工艺条件下，通过化学方法经螯合反应，制成的独特螯环状结构的化合物（即螯合物）。氨基酸微量元素螯合物有复合型氨基酸螯合物和单项产品，如氨基酸铜、氨基酸铁等。它们是由复合氨基酸（如水解蛋白等）制成的螯合物，或是由单个氨基酸，如蛋氨酸、赖氨酸等与单个金属元素螯合成蛋氨酸锌、赖氨酸铜等。这些螯合物，都是一种接近动物体内天然形态的微量元素，在机体内能被充分吸收利用并发挥补充剂的作用功效。

金属氨基酸和蛋白质螯合物是利用肽和氨基酸的吸收通道而吸收，并非小肠中普通金属吸收机制。金属螯合物以整体的形式穿过黏膜细胞膜、细胞和基底细胞膜进入血浆。位于5元环螯合物中心的金属元素，可以通过小肠绒毛刷状缘，以氨基酸或肽的机制被吸收。此吸收机制不会与无机微量元素竞争，且它们间的拮抗作用也明显减少。有机微量元素一方面受到配位体的保护，另一方面其分子内电荷趋于中性的特殊结构，都缓解了矿物元素的拮抗作用，故在消化道内的消化吸收过程中减少了脂类、纤维、胃酸和pH值等不利于金属吸收的物理化学因素影响，可提高对金属离子的吸收和利用。

氨基酸螯合物是动物体内正常中间产物，对机体很少产生不良刺激作用，有利于动物采食和胃肠道的消化吸收。同时可增强机体内酶的活性，有利于对营养的消化吸收，从而对饲料转化率、动物生长发育、繁殖等均有明显的促进作用。有机微量元素被吸收后，可将元素直接运送到特定的靶组织细胞和酶系统中，满足机体内的需要。同时氨基酸螯合物可作为"单独单元"在机体内起作用，可防止维生素对微量元素的分解破坏。此外氨基酸螯合物具有一定的杀菌作用，故有机微量元素螯合物有提高免疫应答反应、细胞免疫及体液免疫功能作用。此外，有机微量元素螯合物对动物热应激和运输应激有一定的缓解作用。

微量元素螯合物的半数致死量远远大于无机盐，故其毒副作用小，安全性高。同时，螯合物保护着微量元素，不被酸夺走而排出，从而可减少对环境的污染。且有机矿物元素应用可增强动物免疫力，而减少了抗生素的使用。金属离子和有机配体的反应可为金属离子在介质中的浓度提供一个缓冲系统，进而此系统可通过解离螯合物的形式来保证金属离子浓度的恒定，即调整和维持胃肠的 pH 值，保持酸碱平衡。与氨基酸螯合的矿物元素，可提高瘤胃氨基酸和微量元素的利用率、改善胴体品质，提高日增重和饲料转化率，如蛋氨酸锌可提高奶牛日增重。金属氨基酸螯合物还可避免瘤胃微生物的降解而提高氨基酸在血液中的浓度，提高泌乳奶牛的产奶量，降低乳房炎发病率和腐蹄病的发生。

然而螯合的矿物元素仍有一定问题存在。首先，螯合矿物元素的使用无标准可依。目前国内没有全面的微量元素螯合物使用标准，故产品质量难以准确判定，难以规范其生产、销售。其次，其作用机理不清。目前虽已知金属氨基酸螯合物和蛋白盐是利用肽与氨基酸的吸收机制，而有机微量元素在动物体内的吸收机制和代谢原理等仍需作进一步研究。另外，螯合矿物元素无确定最佳用量和剂型。影响有机微量元素效果的因素有很多，其中有关动物体适用的最佳螯合物（络合物）结构形式、添加量、剂型等均不十分清楚。虽然有机微量元素效果很好，但其价格远高于无机盐，仍需进一步改进生产工艺，以降低其生产成本。

四、饲料添加剂

饲料添加剂是奶牛日粮重要的组成成分，具有提高饲料转化效率和日增重，有效控制和缓解奶牛生产中常发疾病的作用。在奶牛的日粮中添加饲料添加剂，能够有效提高奶牛的产奶量。同时有些饲料添加剂还能提升牛奶中乳脂、乳蛋白的含量，从而提升牛奶的品质。根据饲料添加剂是否具有营养功能，可分为营养性添加剂和非营养性添加剂两大类，它们分别通过直接或间接的途径作用于动物机体。一些添加剂甚至需要和其他添加剂配合使用才能发挥良好的作用。添加剂的正确合理使用非常重要，因为错误或者过量地使用添加剂会降低动物的生产性能，甚至引发食品安全等重大问题。

（一）营养性添加剂

1. 蛋氨酸及硫酸钠添加剂

奶牛产奶量与饲料中蛋氨酸含量密切相关。植物性日粮中往往缺乏蛋氨酸，如添加 0.1%～0.25% 的 DL-蛋氨酸，就能使奶牛产奶量提高 15%～24%，饲料转化率提高 10% 以上。硫酸钠中硫元素在体内部分转化为蛋氨酸等含硫氨基酸，促进机体对蛋白质、维生素、酶和胆碱的合成和吸收等。N-羟甲基蛋氨酸钙在瘤胃中起降解的保护作用，用于奶牛饲料中可提高牛奶产量，使牛奶中乳蛋白、乳脂肪含量有所提高，延长产奶期，并缩短生产牛犊的间隔期。由此可见，蛋氨酸及硫酸钠添加剂的使用大大提高了奶牛的产奶量、饲料利用率以及饲料的营养价值。

2. 维生素添加剂

维生素是必需的微量营养成分，每种维生素起着其他物质不能替代的特殊作用。畜牧生产实践证明，日粮中如果缺乏维生素，可导致营养代谢障碍，严重者可引起发病死亡。由于维生素缺乏症在临床上不易区别，往往治疗困难，补饲维生素添加剂时要尽量加足。

（二）非营养性添加剂

饲料中添加适量的酶制剂能降解一部分营养物质或抗营养物质，直接或间接地提高饲料养分的消化率和利用率。

益生素是通过消化道微生物的竞争性排斥作用来改善小肠微生物平衡，从而帮助奶牛建立有利于宿主的肠道微生物群，可有效预防腹泻并促进生长。

酸制剂不仅可以提高饲料的适口性，还可以获得良好的饲养效果及对饲料的充分利用。因此，酸制剂在奶牛饲料中使用的越来越多。

驱虫保健剂可分为抗生素、驱虫剂、pH 缓冲剂。驱虫剂是为了奶牛健康、高产、预防奶牛遭受寄生虫感染和侵袭，达到促进奶牛生长、提高饲料效率而必须经常使用的一类添加剂。

抗氧化剂可防止饲料中易氧化养分氧化酸败，保证饲料中营养成分的完整，提高饲料的营养价值。

防霉防腐剂可在多雨地区的夏季向饲料中添加，最常用的有丙酸及其盐类。防止饲料发生霉变，增强饲料的耐用性和安全性。

饲料品质改善剂包括饲用香味剂、饲用调味剂、饲用着色剂三种，用以改善饲料的口味和口感，以促进畜禽食欲、增加食量，提高奶牛的饲养效益。

抗结块剂在饲料中适量添加能保持饲料原料流散畅通，均匀地进入搅拌机。

中草药一般含有蛋白质、脂肪、糖类等营养成分，虽然成分的含量都比较低，但却可以成为动物机体所需的营养来源，从而起到一定的营养作用。此外，还能够促进奶牛生长、增强奶牛体质、提高抗病能力。

大豆异黄酮是一种主要分布于大豆的种皮、胚轴和子叶中的生物活性物质。在化学结构上，大豆异黄酮和哺乳动物的雌激素有相似之处，因此大豆异黄酮既能作为雌激素与受体结合，又能作为抗雌激素，对雌激素与受体的结合起阻碍作用。目前发现异黄酮化合物主要有三类，即大豆苷类、染料木苷类、黄豆苷类，其中在奶牛的生产中染料木苷类应用较多。通过在日粮中添加大豆异黄酮这种天然的雌激素，能够提高血液中的胰岛素样生长因子的含量，调节相关的信号通路控制乳蛋白相关基因的表达，进而促进乳蛋白的合成，提高产奶量。日粮中添加大豆异黄酮可以显著提高奶牛的产奶量以及牛奶中的乳蛋白和乳脂肪含量，并在泌乳后期增加奶牛的泌乳量。

微生态活性添加剂是一种由枯草芽孢杆菌、粪链球菌接种在甜菜渣中，通过深层发酵法形成的饲料添加剂。甜菜含有很多对奶牛机体有益的物质，例如蛋白质、维生素、矿物质和抗氧化物质等，也是春冬季节奶牛维生素的主要来源。在奶牛日粮中添加不同含量的微生态活性饲料添加剂，可提高奶牛产奶量、乳蛋白率及乳脂率。

五、精饲料的加工调制

精饲料是相对于粗饲料而言的，具有饲料容积小，粗纤维含量少，可消化养分含量多，营养价值比较丰富等特点。精饲料主要包括农作物的籽实（谷物、豆类及油料作物的籽实）及其加工的副产品。从营养的角度，可分为能量饲料和蛋白质饲料两大类。一般来说，能量饲料的适口性好，可消化养分含量高，加工调制的意义不大。但籽实类含有较硬的种皮、颖壳（主要成分是纤维素和木质素）、非淀粉多糖及豆类饼粕中含有抗营养因子，阻碍了动物对饲料中养分的消化利用。

为了提高奶牛精饲料的利用率，常用物理加工和生物加工两种技术调制精饲料。物理加工有粉碎、压扁、制粒、浸泡、湿润、蒸煮、焙炒与膨化等方法调制；生物调制有发芽、糖化、发酵等方法调制。

（一）物理加工

粉碎是籽实饲料最普遍使用的一种加工调制方法，整粒籽实在饲用前都应经过粉碎。粉碎后的饲料表面积增大，有利于与消化液充分接触，使饲料充分浸润，尤其对小而硬的籽实，可提高动物对饲料的利用率。

压扁是将玉米、大麦、高粱等加水后经120℃左右的蒸汽软化，压为片状后经干燥冷却而成。此加工过程可改变精饲料中营养物质的结构，如淀粉糊化、纤维素松软化，因而可提高饲料消化率，奶牛比较喜欢这种类型的饲料。

制粒是指将饲料粉碎后，通过蒸汽加压处理、颗粒机压制而成不同大小、粒度和硬度的颗粒。制粒后奶牛较喜食，可增加采食量。同时还增加了饲料密度，降低了灰尘，且可破坏部分有毒有害物质。

浸泡多用于坚硬的籽实或油饼的软化，或用于溶去饲料原料中的有毒有害物质。豆类、油饼类、谷物籽实等经过水浸泡后，因吸收水分而膨胀，所含有毒物质和异味均可减轻，适口性提高，也容易咀嚼，从而有利于动物胃肠的消化。浸泡时的用水随浸泡饲料的目的不同而异，如以泡软为目的，通常料水比为1：（1~1.5），即手握饲料指缝浸出水滴为准，饲喂前不需脱水直接饲喂；若想溶去有毒物质，料水比为1：2左右，饲喂前应滤去未被饲料吸收的水分。浸泡时间长短应随环境温度及饲料种类不同而异，如蛋白含量高的豆类，在夏天不宜浸泡。

蒸煮或高压蒸煮可进一步提高饲料的适口性。对某些含有毒有害成分的豆类籽实，采用蒸煮处理可破坏其有害成分。如大豆有豆腥味，适口性不好，奶牛不喜食，经适当热处理，可破坏抗胰蛋白酶，提高蛋白质消化率、适口性和营养价值。

焙炒其加工原理和蒸煮基本相似，对籽实饲料，尤其是谷物籽实最适用。经130~150℃短时间的高温焙炒可使淀粉转化为糊精而产生香味，提高适口性。焙炒时可通过高温破坏某些有害物质和部分细菌的活性，但同时也破坏了饲料中某些蛋白质和维生素。

膨化是将搅拌、切剪和调制等加工环节结合成完整的工序，恰当地选择并控制膨化条件，可获得高营养价值的产品。膨化饲料的优点是可使淀粉颗粒膨胀并糊精化，提高饲料的消化率。热处理使蛋白质酶抑制因子和其他抗营养因子失活。膨化过程中摩擦作用使细胞壁破碎并释放出油，增加食糜的表面积，提高消化率。

（二）生物调制法

籽实的发芽就是通过酶的作用，将淀粉转化为糖，并产生胡萝卜素及其他维生素的过程，它是一个复杂的包含质变的过程。常用的是大麦发芽饲料，其发芽后一部分蛋白质分解为氨化物，而糖分、维生素 A、维生素 B 族与各种酶增加，纤维素也增加，无氮浸出物减少。

糖化是将富含淀粉的谷物饲料粉碎后，经过饲料本身或麦芽中淀粉酶的作用，将饲料中一部分淀粉转化为麦芽糖。而对蛋白质含量高的豆类籽实和饼类等则不易糖化。谷物籽实糖化后，糖的含量可提高 8%～12%，同时产生少量的乳酸，具有酸、香、甜的味道，显著改善了适口性，提高了消化率，可促进奶牛的食欲，提高采食量，使体内脂肪增加。

发酵是目前使用较多的一种饲料加工处理方法，利用酵母等菌种的作用，增加饲料中维生素 B 类、各种酶及酸和醇等芳香性物质，从而提高饲料的适口性和营养价值。发酵的关键是满足酵母菌等菌种的活动需要的各种环境条件，同时供给充足的富含碳水化合物的原料，以满足其活动需要。发酵料可显著促进奶牛的生产性能和繁殖性能。此外，利用发酵法还可提高一些植物性蛋白质饲料利用率，如将豆饼、棉籽饼、菜籽饼、麸皮等按一定比例混合，加入酵母菌、纤维素分解菌、白地霉等微生物菌种，在一定温度、湿度和时间条件下，即可完成发酵，提高饲料利用率。

（三）精饲料的贮藏

奶牛饲料的贮存应符合 GB/T 16764 的要求，饲料宜分类堆放，摆放整齐，标识生产日期，取用宜先进先出。大型饲料库房应设制规范的管理制度，并严格执行操作流程，如有准确的出入库、用料和库存记录，饲料贮存场所定期检查，对于不合格或变质饲料杜绝使用，应销毁或做无害化处理。饲料贮存场地及周围定期杀虫灭鼠，杀虫剂和灭鼠药的选择应注意，不能对饲料场所及周边造成二次危害。防雨、防潮、防冻、防火、防霉变及防鼠、防虫害。

第三节　配合饲料

一、饲料的分类

（一）预混料

预混料是由营养物质添加剂（维生素、微量元素、氨基酸）和非营养物质添加剂（抗生素、激素、驱虫剂、抗氧化剂等），按配方要求进行预混合而成的饲料半成品。

预混料的生产目的是使微量组分添加剂经过稀释扩大后，令其中的有效成分均匀分散在配合饲料中。质量优良的预混料一般包括6~7种微量元素，15种以上的维生素，2种氨基酸，1~2种药物及其他添加剂（抗氧化剂和防霉剂等），且各种饲料添加剂的性质和作用各不相同，配伍关系复杂。一般预混料占配合饲料的0.5%~5%，用量虽少，但对动物生产性能的提高、饲料转化率的改善以及饲料的保存都有很大的作用。预混料中添加剂的活性成分浓度较高，一般为动物需要量的几十至几百倍，如果直接饲喂易造成动物中毒。

使用预混料时，首先应考虑日粮中粗蛋白、必需氨基酸、能量、钙、磷、钠和氯等营养指标。只有这样才能发挥其提高动物生产水平、降低饲料消耗及保健等作用。不同气候条件下，奶牛对营养的需要有差异，应随气候适当调节营养元素的比重，使配方更为合理。因此，应按照说明与其他饲料充分混合饲喂，因为用量过少达不到理想效果，用量过大不仅浪费，而且易引起中毒。预混料一定要与其他饲料充分混合均匀才能饲喂。并且最好随配随喂，配合好的饲料应1次用完。注意掌握预混料的贮藏时间和条件，保持其新鲜。未开袋的预混料要存放在通风、阴凉和干燥处，并且要分类保管。开袋后应尽快用完，切勿长时间存放。

使用期间应注意密封，避免潮湿，否则会导致有效成分含量降低。

（二）浓缩饲料

浓缩饲料是在添加剂预混料中加入蛋白质、矿物质饲料进行混合而成的。用浓缩饲料再加上一定比例的能量饲料，就可直接饲用。奶牛浓缩料的特点是蛋白质含量高，一般在30%以上，它不能直接饲喂，必须配合能量饲料饲喂。奶牛浓缩料的主要成分及含量：粗蛋白≥30%、粗纤维≤20%、粗灰分≤20%、钙1%~4%、水分≤13%、总磷≥0.7%、食盐1.2%~4.5%、赖氨酸≥0.55%；主要维生素（每1kg料中含）：维生素A≥11 000IU、维生素D_3≥2 800IU、维生素E≥38mg、维生素K_3≥6mg、维生素B_{12}≥0.03mg；主要微量元素（每1kg料中）：铁（Fe）≥160mg、铜（Cu）≥30mg、锌（Zn）≥120mg、锰（Mn）≥120mg、硒（Se）≥0.12mg。奶牛浓缩料主要组成原料有多种维生素、微量元素、氨基酸、豆粕、菜棉粕、常量矿物质等。

奶牛浓缩料中蛋白质补充料是大豆饼（粕），大豆饼（粕）是所有饼粕中最好的饼粕，是奶牛最常用的蛋白质补充料。豆饼是大豆经过压榨法去油后的副产品，豆粕是大豆经浸提法制油而得的副产品，其中豆饼油质高于豆粕。大豆饼（粕）粗蛋白含量为42%~46%，脂肪含量为1%~16%，赖氨酸含量丰富（2.5%），蛋氨酸不足，因此在使用时应注意补加蛋氨酸。豆饼（粕）中含有抗营养因子，如抗胰蛋白酶因子、脲酶等，若加工时加热不足，会影响其利用价值。

根据奶牛的消化生理、营养需要和浓缩料的综合分析，奶牛浓缩料可以补充奶牛在生产中需要的蛋白、赖氨酸、维生素、微量元素。添加奶牛浓缩料，可提高乳密度、乳蛋白率和乳脂率，提高奶的质量，且增加奶牛日产奶量并维持较好的泌乳曲线。

（三）精料补充料

奶牛精料补充料又称精料混合料，是为补充奶牛青粗饲料的营养不足而配制的饲料。由于奶牛的瘤胃生理特点，应根据粗饲料情况和奶牛的不同生理时期饲喂不同的精料补充料。精料补充料能提供奶牛所需而粗饲料又供给不足的那部分能量、蛋白质、钙、磷、维生素等。

在较高能量水平的精料补充料中，非结构性碳水化合物含量较高，结构性碳水化合物含量降低，从而在短时间内即可产生大量挥发性脂肪酸（volatile fatty acid，VFA），导致瘤胃液 pH 值下降。而由于瘤胃液具有缓冲能力，pH 值下降不明显，但有随着精补料能量升高而瘤胃液 pH 值下降的趋势。碳水化合物在瘤胃微生物的作用下生成 VFA（包括乙酸、丙酸、丁酸等），是瘤胃微生物生长的主要能量来源。随着精补料能量升高，丙酸浓度升高，乙酸/丙酸降低。可能是在较高能量水平的精补料中，瘤胃发酵程度增加，丙酸量随之增加，形成丙酸发酵模式，最终表现为乙酸/丙酸降低。增加非结构性碳水化合物（可降解淀粉）的含量，可以增加瘤胃丙酸的含量，降低乙酸/丙酸。

随着精料补充料能量增加，瘤胃 NH_3-N 浓度降低。提高日粮能量水平，为微生物繁殖提供充足的能量，有利于微生物数量增加，促进微生物对 NH_3-N 利用增多，从而降低 NH_3-N 浓度。随着底物碳水化合物的增加，培养液中 NH_3-N 浓度降低。随着精补料能量增加瘤胃微生物蛋白升高，提高了日粮能量水平，有利于微生物数量增加，从而使微生物蛋白升高。

（四）初级配合饲料

初级配合饲料也叫混合饲料，由能量饲料、蛋白质饲料和矿物质饲料按一定比例组成，能够满足奶牛对能量、粗蛋白、钙、磷、食盐等营养物质的需要。如再搭配一定量的青粗饲料或添加剂，即可满足奶牛对维生素、微量元素的需要。

二、配合饲料的优点

配合饲料可根据奶牛不同阶段对营养物质不同的需求，经合理搭配单一饲料，机械加工而成。如此调配的饲料营养含量全面、适口性好，饲料利用率高，更能满足奶牛生产需求，可获得较高的经济效益。

配合饲料在加工的过程中需要进行多个制作工序，并依据相关的技术设备来支持。在加工的环节中，需要经过高温进行熟化处理，并能够在一定程度上起到杀菌的效果，可以实现预防和控制疾病的作用。配合饲料具有安全的检验设备的支撑，对原料的成品会进行严格的检测，并使得饲料的稳定性得到有效保障。

泌乳奶牛必须要有足够的营养补充，营养补充所需物质绝大部分来源于饲料。如果没有合理的配方无法满足奶牛泌乳在不同时期的营养需求，容易造成营养的失衡。由于奶牛生理状态、泌乳时期的不同，除了需要补充蛋白质、能量之外，还要补充其他营养物质，如钙、磷、食盐等。而单一饲料所含营养物质不全面，一般不能满足动物生长所需。这就需要根据奶牛所处泌乳时期的不同，调配不同的配合饲料，满足其所需要的营养元素含量，提高饲料利用率，提高养殖水平，而获得较高的经济效益。

三、日粮配合的原则

在正常饲养条件下，奶牛饲料成本占鲜奶生产成本的60%以上。因此，日粮配合的合理与否，不仅关系到奶牛健康和生产性能的表现、饲料资源的利用，而且直接影响泌乳牛的经济效益。影响奶牛日粮配合的因素有：奶牛体重、产奶量、牛奶组成（乳脂肪、乳蛋白的百分比）、奶牛所处的泌乳阶段、奶牛胎次。奶牛日粮配合的基本原则：一是以饲养标准为依据，并针对具体条件（如环境温度、饲养方式、饲料品质、加工条件等），进行必要的调整。二是要充分利用当地饲料资源，合理搭配饲料。可以利用麦芽根、玉米胚芽饼等，对降低饲料成本，节约精料有很好的效果。三是要注意营养的全面平衡，根据饲料的质量价格或季节，饲养方式，适当调整饲料配方中相关原料的配比。此外，还要选择体积适当，适口性好的原料。

饲养标准是对奶牛实行科学饲养的基本依据，因此，日粮必须参照我国的奶牛饲养标准或美国NRC标准进行配制。饲养标准的制定是在综合考虑奶牛生理状态、生产目的、技术水平、种类、性别等的基础上，科学规定了对每头奶牛每天应该补给的营养及能量补给量。目前，国内在奶牛生产中制定了较为详细的饲料标准，在实际的日粮配制中，一定要严格按照这些标准要求，结合当地实际情况有目的的配制。即使地方条件不允许，难以达到饲料配制标准要求，也必须要满足蛋白质、钙、磷、食盐、能量以及3种限制性氨基酸（蛋氨酸、赖氨酸、色氨酸）的补给量。尤其是能量饲料的补给尤其重要，因为其在饲料中的含量较高，日常配制过程中要尤为注意。但奶牛所处环境千变万化，多种多样的因素并非饲养标准所能涵盖，因此在使用饲养标准时，不能将其中数据视为一成不变的固定值，应针对各种具体条件（如环境温度、饲养方式、饲料品质、加工条件等）加以调整，并在饲养实践中进行验证。制备配合日粮时，除应注意保持能量与蛋白，以及矿物质和维生素等营养平衡外，还应注意非结构性碳水化合物与中性洗涤纤维的平衡，以保证瘤胃的正常生理功能和代谢。应尽可能选用具有正组合效应的饲料搭配，减少或避免负组合效应，以提高饲料的可利用性。日粮的体积要符合奶牛消化道的容量。体积过大，奶牛因不能按定量食尽全部日粮，而影响营养的摄入；体积过小，奶牛虽按定量食尽全部日粮，但因不能饱腹而经常处于不安状态，从而影响生长发育和生产性能的发挥。正常情况下，泌乳牛每头每日对干物质摄取量平均为其体重的 3.0%~3.5%。日粮所选用的原料要有较好的适口性，奶牛爱吃，采食量大，才能多产奶。有些饲料对牛奶的味道、品质有不良影响，如葱、蒜类等应禁止配合到日粮中去。

除了要求上述营养元素量上达到标准外，还要注重加强对质的要求，尽量做到原料供给多元化，彼此间取长补短，实现营养供给的均衡发展。在增加能量饲料时，可适当添加氨基酸以及维生素添加剂的量，保证饲料营养供给的全面性。考虑到奶牛生产性能及生理状态的不同，饲料中蛋白质比例及钙磷比例一定要搭配得当。

饲料原料的选择必须考虑经济原则，尽量因地制宜和因时制宜地选用原料，充分利用当地饲料资源。并注意同样的饲料原料比价格，同样的价格条件下比原料的质量，以便最大限度地控制饲用原料的成本，提高经济效益。

四、日粮配合的方法

日粮配合技术是动物营养学、动物饲养学及动物饲料学最基础的技术，在现代动物营养学内，日粮配合技术既可用于研究目的，也可用于生产目的。传统的日粮配合技术对于养殖业现代化和饲料工业的发展做出了巨大的贡献。

日粮配合首先根据奶牛的体重、胎次和产奶性能从饲养标准中查出营养需要量，包括干物质、奶牛能量单位（或产奶净能）、蛋白质（有条件应包括可消化粗蛋白、代谢蛋白质、瘤胃降解蛋白、过瘤胃蛋白）、粗纤维（有条件以中性洗涤纤维为宜）、非纤维性碳水化合物、矿物质及维生素需要量。一般要求粗饲料干物质至少应占奶牛日粮总干物质的40%~50%，计算各种粗饲料所提供的能量、蛋白质等营养量。所用饲料的营养成分最好每次均能进行测定，因饲料成分及营养价值表所提供的饲料成分及营养价值是许多样本的均值，不同批次原料之间有差异，尤其是粗饲料。测定的项目至少包括干物质、粗蛋白、钙和磷。从营养需要量中扣除粗饲料提供的部分，得出需由精料补充的差值，并通过计算，在可选范围内找出一个最低成本的精料配方。除矿物质和维生素外，一些特殊用途的添加剂也由此确定和添加。

奶牛日粮适宜的精粗比，有利于维持瘤胃的正常 pH 值，保证奶牛健康和生产水平，以及一定的乳脂率。牛日粮中非结构碳水化合物与中性洗涤纤维之比过高或过低，均会影响奶牛的生产性能和健康。

奶牛日粮中各类蛋白质比例是否适宜不仅影响奶牛的蛋白质营养状况，进而影响产奶量，而且也对控制环境污染和降低饲养成本有重要意义。在考虑日粮降解蛋白的适宜水平时，还必须同时考虑与非结构性碳水化合物的匹配关系。最简单的办法就是按每 3.0~3.2 个单位的非结构性碳水化合物需要 1 个单位的降解蛋白来估算即可。

第四节　饲料供给方式

一、季度供给

每年的夏季气温都比较高，应及时调整奶牛的日粮配方，以有效缓解热应激产生的不良刺激。将日粮中的精粗饲料比例调整为 1:1，将高纤维饲料的添加量适当降低，因其在消化和代谢过程中产生太多的热量，而适当地将精饲料的添加量提高 10% 左右，同时在其中适量添加脂肪酸钙和棉籽等成分，同时要保证饲料中脂肪含量高于 5% 的比例。如果条件允许，可将精饲料用水浸泡处理，制成粥之后给奶牛投喂，这样可以获得更好的饲喂效果。此外还可以每天给奶牛补喂 150g 的碳酸氢钠，能够很好地缓解应激刺激的损害。

如果天气比较炎热，奶牛会大量排汗，此时就应该适量补充钾、镁、钠、磷、钙元素，以满足机体需求，但要控制投喂时间，每天上午 7 时之前或下午 18 时添加。此外还可以适当增加饲喂次数，可每天饲喂 4 次，或夜间再加喂一次。

要重视牛场的饲料贮存管理，避免饲料和饲草发生霉变。在日常生产过程中应该保证饲料贮存位置具有良好的通风状态，并且环境清凉，派专人负责对饲料进行认真看管，而且每天都要检查饲料是否出现腐烂现象，发生异常应及时正确处理，避免奶牛因误食霉变饲料而导致其各项功能变差，严重的会造成死亡。

入冬以后，应调整饲料的配比，保持多样化。日粮中，蛋白质饲料不变，要适当减少能量饲料的比重（玉米面的供给量要减少至 25% ~ 35%）。在粗饲料方面，要保证有青贮、块根和酒糟等饲料的喂给，以代替夏秋奶牛采食的青绿多汁饲料。

北方的冬春季节，奶牛的饲料成分比较单一，因此需要在日粮中加入适量的钙磷和尿素。要保证每天在日粮中加喂钙磷 5 ~ 15g/头。在饲料中加喂尿素，日喂 150g/头左右。但是，尿素的适口性差，可按 1% 与精料混合后拌草饲喂；喂后 0.5h 内不宜饮水。在日粮中加喂 15% 的胡萝卜，可使泌乳牛多产奶 25%，或在日粮中加喂人工合成的胡萝卜素制剂 7g/头，可使泌乳牛在 1 个产奶期多产奶 200kg。

因为冬春季节比较寒冷，奶牛吃完草料后再喝凉水，不但消耗奶牛体内的热能，更主要的是会使奶牛体温骤降 2 ~ 3℃，常引起奶牛感冒发烧、消化不良或引起胎衣滞留等疾病。还会导致乳腺收缩，影响产奶量。饮水适宜温度为成母牛 12 ~ 14℃，产奶和怀孕母牛 15 ~ 16℃，犊牛 37 ~ 38℃。在奶牛每次挤奶前，用干毛巾在 45 ~ 50℃ 的温水中浸湿，全面擦洗乳房和乳头，随后按摩乳房。1 ~ 2min 后，乳房膨胀乳头胀大，乳静脉怒张，乳房括约肌松弛，即为已经产生出奶反射，即可立即开始挤奶。切记不要用过热或过冷的水擦洗乳头，否则奶牛感到受刺激，对出奶反射产生抑制反应，会降低产奶量。

北方地区冬春季天气比较冷，最好喂给奶牛38℃的热粥料，既能使奶牛提高抗寒能力，又能促进产奶牛的泌乳机能。尤其在夜间喂给泌乳母牛1kg精料加工成38℃的热粥，可有效地提高产奶量13%以上。粥的做法是，先用少量水把粉状精料冲稀，将疙瘩研开，待锅内水沸腾后倒入，搅拌至开锅5~10min即可，料水比例为1：（10~15）。粥中可加入少许食盐，以增加适口性，同时有降火和消炎的作用。

二、TMR 饲喂技术

全混合日粮（total mixed ration，TMR）饲喂技术指的是在奶牛养殖过程中，综合考虑奶牛生长发育不同生理时期和泌乳阶段的营养需要量以及饲养目的，按照营养调控技术和多种饲料搭配原则，设计出奶牛全价营养日粮配方，并根据配方将苜蓿、羊草等粗饲料，玉米、豆粕等精饲料以及维生素、矿物质等各种添加剂按照配方比例，利用TMR搅拌机（图6-1）进行充分搅拌混合得到的一种营养相对平衡的全价日粮，并利用这种日粮进行奶牛饲喂技术研究。为了适应奶牛养殖集约化、规模化、机械化的发展要求，我国从20世纪80年代开始引进TMR技术，随着我国奶牛养殖业向规模化、集约化的转变，TMR饲养技术更大规模、更加深度的推广已势在必行。

图 6-1　TMR 搅拌机

（一）提高奶牛采食量及营养物质消化吸收

使用 TMR 技术饲喂反刍动物可以提高其干物质采食量，并且能够提高饲料的转化效率。TMR 饲养模式下奶牛干物质采食量的增加，主要是因为 TMR 技术允许各种各样的原料能够根据配方设计的成分和比例的要求混合充分，使得粒度、容重大小不一致的原料在物理空间上产生互补作用，改善了日粮的适口性，加快了食糜在消化道中的流动速度。与单一饲喂法相比，杜绝了奶牛挑食的现象，营养更加均衡，有利于瘤胃发酵环境的稳定，加快了营养物质的消化利用率，同时又进一步刺激奶牛继续采食，提高采食量。

反刍动物采食日粮后进入瘤胃，瘤胃通过反复的收缩蠕动使日粮与瘤胃液进行充分混合。通过瘤胃液中的微生物等对日粮中的纤维、蛋白等进行降解、发酵，从而产生 VFA 以及合成瘤胃微生物蛋白，用以满足奶牛生长生产所需的能量和蛋白等营养物质。TMR 饲喂下的日粮组成结构与传统粗精料分饲饲养下的日粮相比，具有较高的有效纤维含量和相对较低的粗蛋白含量，因而对瘤胃发酵存在潜在的积极影响。它给瘤胃提供了一个相对稳定且较高的瘤胃 pH 环境及较低的氨氮浓度，这有利于瘤胃微生物等发酵功能的稳定，加快了营养物质的消化及转化效率。

（二）提高奶牛产奶性能

奶牛养殖使用 TMR 饲喂技术对产奶性能的影响表现在产奶量和乳脂、乳蛋白率等指标的提高。奶牛由精粗分饲的常规饲养模式转向 TMR 饲养模式，可以使产奶量、乳脂率有所提高。乙酸是发酵产生的 VFA 中数量最多的脂肪酸，当饲喂纤维含量过高的日粮时，瘤胃中脂肪酸的混合物总产量会下降，但却能提高乙酸的产量和比例。当饲喂的日粮中精料的比例提高时，乙酸的比例出现一定程度的降低，反而使丙酸的比例有所升高。TMR 饲喂模式由于其粗饲料含量稳定适中，提高了发酵产生的乙酸浓度，进而提高了乳脂率。

饲喂 TMR 的奶牛瘤胃内氨氮浓度显著低于精粗分饲组，瘤胃氨氮浓度下降，表明饲喂 TMR 的奶牛体内氮转化利用率较高，瘤胃微生物蛋白合成量也进一步提高。瘤胃微生物蛋白合成量的增加会导致流经皱胃食糜中的蛋白含量提高，小肠消化吸收的蛋白也会进一步提高，从而直接导致了牛奶中乳蛋白含量的提高。

精粗分饲情况下，先喂精料可能会引起碳水化合物在瘤胃发酵中VFA 的大量产生，抑制瘤胃蠕动及唾液分泌，从而影响其采食欲望，导致粗饲料的摄入不足，以及瘤胃微生物结构紊乱，引发瘤胃酸中毒，对瘤胃健康造成影响。而 TMR 饲喂技术能够保证日粮中相关营养成分如有效中性洗涤纤维含量的相对稳定，增加日粮中的有效中性洗涤纤维可以一定程度上预防瘤胃酸中毒的发生。因为一方面，日粮中的有效中性洗涤纤维具有刺激反刍动物瘤胃蠕动的作用。在瘤胃中，其与瘤胃壁发生摩擦，可以增强瘤胃乳头的活动能力，从而促进瘤胃对 VFA 以及乳酸的吸收，有效减少有机酸的积累；另一方面，有效中性洗涤纤维能增加唾液分泌，唾液中含有大量的碳酸盐和磷酸盐，可部分中和瘤胃中过多的酸性物质，使瘤胃 pH 值保持恒定。

（三）增强添加剂使用效果

TMR 饲喂技术能够将使用量极少的添加剂与奶牛日粮进行均匀混合，进一步促进其使用效果的发挥。将饲料添加剂以 TMR 作为饲喂载体可以有效地提高其作用效果，从而改善奶牛生产性能。

第七章　泌乳牛的饲养管理技术

在正常情况下，奶牛产犊后进入泌乳期。泌乳期的时间长度变化很大，持续 280~320d，但记录时一般按 305d 计算，泌乳期的长短依母牛品种、产犊季节和饲养管理条件而异。饲养管理的好坏不仅关系本胎次的产奶量和是否正常发情，而且还影响以后各胎次的产奶量成绩和使用年限。因而，饲养奶牛应养成良好的饲养习惯，良好的条件刺激有利于奶牛乳脂的分泌、排出，可以提高产量，带来更好的经济效益。

第一节　成年母牛的一般饲养管理

一、选购良种奶牛

奶牛的品种对于奶牛的生产性能和经济效益有着重要的影响，现在国内的奶牛品种以黑白花最多，其产奶量在不同品种奶牛中最高，但乳脂率偏低，而娟姗牛产奶量较低，但乳脂率较高。

1. 品种要求

选择奶牛品种时一定要选最好的优良品种，当前良种奶牛为中国荷斯坦奶牛，加强饲养管理使奶牛多产奶、产好奶。成母牛无布病、结核、不孕症、乳房炎、子宫炎等；犊牛不是异性双胎的犊母牛，此种母牛96%不孕。

2. 系谱选择

又称血统选择，看祖先血统是否纯正。要选择祖先血统纯正，生产性能高，繁殖能力强，利用年限长的品种进行购买和选留。牛场应对每头牛建立系谱卡片，全登记作依据，便于饲养管理。

3. 生产性能的选择

奶牛生产性能，包括产奶量、乳脂率、繁殖力等，均与遗传力有关，每头母牛正常年产一犊，除干奶期 60d 外，要产 305d 奶。产奶性能好坏，受遗传、外界环境，尤与科学饲养管理、年龄、胎次、营养、健康状况等因素有关，产奶量以第五胎为最高，第六胎后依次下降，乳脂率为 3%~4%，若低于 3% 的为低脂奶，牛奶牛中体细胞数正常在 20 万~30 万/mL。

4. 体型外貌的选择

高产奶牛的体型应呈三角形（从牛体右侧看，从牛体上方看以及从牛体前方看）；外貌表现应符合乳用特点，体型清秀而细致紧凑，皮薄骨滑，毛细短有光泽，头清秀而长，颈长薄，胸窄长而深，中、后躯发达，皮下血管显露明显，全身肌肉发育良好，皮下脂肪少，头颈、后大腿部棱角轮廓明显；荷斯坦奶牛全身黑白花，花片界限明显，符合品种要求；乳房要发达，呈盆形或碗形，底面平整，附着良好。乳头大，长短适中，乳静脉粗而弯曲多，乳井大，乳镜宽阔，毛稀细，皮肤弹性好；四肢要长，姿势端正，内外蹄紧密对称，质地坚实。

二、选择优质饲料

奶牛产奶的根本是补充平衡、充足的营养，如果营养不合理，奶牛过瘦或过肥，不但会降低产奶水平，而且会使奶牛的抗病力以及受胎率下降。因此，在饲料的选择与配制方面应注意以下几点。

（1）中小型奶牛场由于自身条件的限制，种类较为单一，特别是冬春季节，严重缺乏优质干青草、青绿多汁饲料，所喂的饲料主要是玉米秸甚至是小麦秸和少量精料，而冬春季正是奶牛产奶高峰和适配期，需要优质、营养丰富、平衡的饲料。因此，必须注意饲料的多样化，重视青干草、青绿多汁饲料的贮备与供应，有条件的奶牛场可以制作部分青贮玉米秸，种植胡萝卜和苜蓿等，从酒厂购买酒糟或给牛经常饲喂豆腐渣等饲料，同时调整精料中营养成分的含量，以满足奶牛的生产需要。

（2）饲料配方是根据奶牛某阶段的生产水平、生理状况，外界环境等进行设计的，必须随着奶牛自身的状态而调整，不能一成不变，否则既浪费饲料，又影响生产性能。在泌乳期，由于精料成本占整个饲料成本的很大部分比例，因此精料的饲喂是否合理，直接关系到奶牛产奶的多少以及经济效益的高低。

（3）鲜奶的成分主要有乳蛋白、乳脂肪、乳糖和粗灰分等。目前鲜奶产量与乳脂率受到较多的关注。采用纤维素含量较高而消化率很高的日粮组分代替日粮中的能量饲料，可提高乳脂率，而对产奶量无影响。如用大豆皮代替日粮中玉米和麸皮的 25%~50%，可使乳脂率提高 6%~8%，同时能降低成本。奶牛日粮中添加碳酸氢钠（占日粮精料比例的 1.0%~1.5%）或碱化剂（2~3 份碳酸氢钠与 1 份氧化镁）或每天每头 6g 烟酸。

（4）在日粮中每天每头补饲一定数量的乙酸钠（双乙酸钠）或丁酸盐，可提高日粮中粗蛋白的含量。在较高精料水平（50%~60%）日粮中添加量占精料量 0.25%~0.30% 的蛋氨酸羟基类似物（MHA），而对于高产奶牛还应适当补充含硫物质，如硫酸钠、硫酸镁等，以及含钾物质，如氯化钾等。

（5）一般对泌乳奶牛的饲养管理比较重视，而往往忽视干奶牛的饲喂管理。实际干奶期的饲喂是否合理，直接关系到奶牛下一个泌乳期的生产性能。

三、饲养管理措施

（一）饮水要求

水对泌乳牛极为重要。牛奶中含水 87% 以上。日产奶量在 50kg 的泌乳牛，需饮水 100~150L/d。中低产泌乳牛日需 60~70L/d。若饮水不足，则会直接影响产奶量。在泌乳初期，奶牛因分娩后体力耗损，水分流失较重，此时应让母牛饮温度稍高于体温的麸皮、红糖、盐水以代替饮清水，还可以让母牛饮温热的益母草水，以利于排出恶露。在以后的各个泌乳阶段都应饮新鲜、干净、清洁的水，冬季水温应不低于 15℃。

（二）牛舍环境要求

牛舍的采光通风条件要好，每日打扫干净。特别是在夏季，气温过高，应加大牛舍的通风量，定期消毒打开牛舍门窗，加大通风量，加大换气扇的功率，变横向通风为纵向巷道式通风，使流经牛体的风速加大，及时带走牛体多余的热量，以达到防暑降温的目的。泌乳期奶牛最适宜温度为 16~20℃, 不能太高或太低, 否则会在一定程度上影响奶牛产奶量。牛舍不能湿度过大, 一般不超过 55%, 冬暖夏凉, 阳光充足。炎热的伏天中午 12 时以后, 可用高压喷雾器装入刚出井的凉水进行空间喷雾, 视具体的舍温情况每隔 2~4h 喷雾 1 次, 一般可使舍温降低 4~7℃。

(三) 放置盐槽

牛奶中含有多汁矿物质和微量元素, 是奶牛必需的主要营养物质。由于饲料中某些元素的含量变化很大或缺乏, 可能使牛发生"异食癖"。为了避免这些营养素的缺乏症, 可采用多汁方法加以补充, 如在运动场中放置配合有各种矿物质的补盐槽或放置一些"盐砖"(图 7-1), 让牛自由舔食。

图 7-1 泌乳牛 "盐砖"

(四) 饲喂方法

奶牛应以青绿多汁饲料为主, 优质干草为基础, 在泌乳初期不应给奶牛饲喂过多的精料, 以免引发奶牛乳腺疾病及代谢性疾病。泌乳期奶牛日粮一定要多样化, 至少要 2 种以上粗饲料和 2~3 种多汁料及一定量的精料。精料在奶牛分娩 1 周后可逐渐增加, 每头每天增加 400~500g, 直到奶牛泌乳量达到最高, 泌乳盛期精粗比应控制在 60:40, 泌乳中期精粗比应控制在 45:55, 泌乳后期精粗比应控制在 35:65, 干乳期精粗比应控制在 25:75。要注意补充微量元素和盐, 微量元素可在饲料中按剂量添加。

在饲养泌乳期奶牛时要求科学合理，在饲喂时要遵循定时定量、少给勤添的原则，这样可提高营养物质的消化率和吸收率，保持瘤胃内环境的稳定。奶牛的泌乳期分为好几个时期，每一期对饲料的要求不同，要根据其对营养的需求来更换饲料的配方，但是在换料时要注意不可一次性地将饲料完全替换，而是要逐步完成换料的工作，一般要经过10d的过渡期来完成，利于瘤胃微生物区系的稳定。在饲喂时要注意饲料的清洁、卫生。饲喂前要检查饲料中有无异物掺杂，以防止奶牛吞食后造成食道损伤或引发疾病。还要保持饲料的质量，不可以饲喂霉变以及冰冻的饲料。奶牛的饲喂次数要根据产奶量来确定，对于高产奶牛可实施每天饲喂3次的方法，这样可提高产奶量，而对于低产奶牛则可以每天饲喂2次。在饲喂时都按照先粗后精、先干后湿、先喂后饮的原则。在饲养奶牛时要注意给泌乳期奶牛提供充足且清洁的饮水，因牛乳中的大部分成分为水，充足的饮水对于提高产奶量十分有效。在提供饮水时要注意，冬季不可给奶牛饮用冰水，水温要求在8℃以上。

饲喂奶牛的精、粗饲料都要用带有磁铁的清选器筛选，除去其中夹杂的铁丝、玻璃、石块、钢钉等异物，防止牛吞食后发生网胃性心包炎等疾病。还应保证饲料的新鲜和清洁，切忌饲喂霉变、冰冻的饲料。

(五) 加强运动

泌乳期奶牛应多接触阳光和新鲜空气，加强运动。通过运动可增强体质，增加产奶量，提高繁殖力，减少消化道、呼吸道疾病。尤其是舍饲奶牛，必须保证充足运动。每天至少在户外运动2~3h。

(六) 刷拭牛体

刷拭牛体可促进奶牛健康和增加产奶量。每天应刷拭2~3次。冬季以干刷为主，若用35℃温水洗刷，并用毛巾将被毛、皮肤擦干，以防感冒；夏季以洗刷为主，用水冲洗牛体，以保持牛体卫生和防暑降温。刷拭应在挤奶前进行，由前往后、由上向下用软毛刷刷拭。

(七) 护蹄修蹄

奶牛如果肢蹄不好，会影响采食，从而影响产奶量，应在每年春秋2次修蹄（图7-2，源自新乐市君源牧业有限公司）。为防止蹄壁破裂，可经常涂凡士林油，蹄尖过长时应及时削去。

图 7-2 泌乳牛春季修蹄

四、泌乳期挤奶

(一) 手工挤奶准备

首先要清除牛体玷污的粪、草及卧床粪便。备好洗擦乳房用的温水、毛巾、过滤纱布等，挤奶员要剪短指甲，穿好工作服，洗净双手（图 7-3，http://fj.sina.com.cn/news/2018-03-15/detail-ifyscsmv8604213.shtml? wm=3049_0005182851006）。

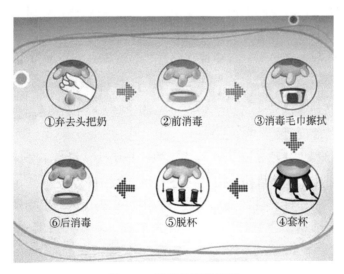

①弃去头把奶　②前消毒　③消毒毛巾擦拭

⑥后消毒　⑤脱杯　④套杯

图 7-3 泌乳牛挤奶流程

（二） 擦洗乳房

洗擦乳房水温要在 50℃左右，重点是洗净整个乳头和乳房底部中沟及后上方乳镜处，通过温热刺激促使乳腺神经兴奋，加快乳汁合成与分泌。洗擦后乳房显著膨胀，乳头环状括约肌松弛，此时应立即挤奶，如乳房膨胀不大，可按摩乳房。

（三） 乳房按摩

乳房按摩与否直接影响着奶牛泌乳量和乳脂率。通过用力刺激，促使乳房显著膨胀，有利于泌乳反射的形成，加速乳汁分泌与排出。每挤1 头奶牛需按摩 2~3 次。第 1 次在洗擦乳房后挤奶前，按摩 10min，直到感觉乳头硬了。这时挤奶比较省力有效，每当后一半乳房挤干后，进行第 2 次按摩，以挤干前一半乳房。而第 3 次按摩是在前后乳房基本挤干后进行，用力较前 2 次大，这样可将浮于乳腺内的含脂率高的一股奶挤下来。按摩一般都是双手抱住乳房的右半两乳区，两拇指放在右外侧，其余各指放在乳房中沟，自上而下，由旁向内，用手掌和手臂的力量，反复按摩数次，使乳汁流经乳池到乳头腔，然后再照此法在左侧两乳区按摩。对于留奶较多的老母牛可采取"撞击按摩法"，当乳池中的乳汁已挤净，可托住乳房底部向上揉动乳房，或像挤奶样握住乳头，抬起手腕，用力向上猛撞几下，再用手握住乳区的乳池部，用另一手挤奶，分别将各乳区剩奶挤出来，挤净最后一滴奶，对提高乳脂率作用很大。

（四） 挤奶注意问题

（1）挤奶要固定人员、固定时间、固定场所、固定顺序进行，以形成良好的条件反射。

（2）挤奶方法要正确，要采用压榨式挤奶法，尽量不要采用滑压式挤奶法，以防止损伤乳头。

（3）产后不能将乳汁全部挤净，否则由于乳房内压显著降低，微血管渗出现象加剧，会引起高产乳牛产后瘫痪。一般产后第 1d 挤乳量的60%~70%；第 2d 挤乳量的 70%~80%；第 3d 挤乳量的 80%~90%；第4d 方可全部挤净。

（4）挤出的头 1~2 把奶要丢弃，如发现乳房有硬块、红肿，乳汁色、味改变，要及时处理。

（5）对于乳房上有外伤和裂口的奶牛，应在挤奶前将毛剪短并涂上油脂药物，以减轻疼痛。

（6）注意挤奶员健康状况，凡患有传染病，如结核病、布鲁氏杆菌病、肝炎等的人员一律不得为挤奶员。

（7）一天中奶牛的挤奶次数可以根据饲喂次数来定，高产奶牛可 1d 挤 3 次奶，低产奶牛可挤 2 次奶。

第二节　不同泌乳阶段奶牛的饲养管理

一、泌乳初期

（一）生理特点

奶牛的泌乳初期是奶牛产后的 2~3 周内，这一阶段奶牛的生理特点为刚经历了分娩，体质较为虚弱，消化功能有所减退，处于气血两亏的状态，有的奶牛还会因分娩而造成产道有不同程度损伤，生殖道还没有恢复，恶露也还未排净，乳房还会发生不同程度的水肿。奶牛在此时的抵抗力下降，食欲还没有恢复，但是同时乳腺的机能加强，产奶量升高，对营养的需要量高。高的营养需求和低的采食量会造成奶牛出现营养负平衡，而影响到奶牛体质的恢复和泌乳性能的发挥。因此，此阶段饲养管理的重点是帮助奶牛尽快恢复健康，不得过早催奶，否则大量挤奶极易引起产后疾病，因此，在产后 4d 内不挤空牛奶，15d 内集中饲养进行康复，一个月内不进行催乳。

（二）饲喂

产后日粮应立即改喂高钙日粮（钙占日粮干物质的 0.7%~1.0%），1~2d 不喂或少喂精料，从第 2d 开始逐步增加精料。高产奶牛分娩 2~3d 开始给 1.8kg 精料，以后每天增加 0.3kg 精料，通过加料过程中要密切注视奶牛的食欲和消化机能来确定增加量，但在此期间精料给量不应超过每日 10kg，直到消化好转、恶露排出和乳房软化后再加料。乳房肿胀严重的奶牛应该控制食盐的喂量。

产后 2~3d 以供给优质牧草为主，让奶牛自由采食，最低饲喂量 3kg/（头·d）。粗饲料品质越差，则消化率越低。不喂多汁类饲料、青贮饲料和糟粕类饲料，以免加重乳房水肿。3~4d 后逐渐增加青贮饲料喂量。精粗料比例为 40∶60，以保证瘤胃正常发酵，避免瘤胃酸中毒、真胃变位以及乳脂下降。如果奶牛产后乳房不水肿、食欲正常、体质健康，产后第 1d 就可投给一定量的精料和多汁料，5d 后即可按饲养标准组织日粮。为预防奶牛因产奶钙丢失过大，造成产后瘫痪，日粮中钙量应达到 0.6% 以上，每天日粮干物质的进食量占体重的 2.5%~3.0%，每千克日粮干物质含 2.3~2.5 产奶净能单位，含粗蛋白 18%~19%，钙 0.6%~1.0%，磷 0.5%~0.7%，粗纤维大于 15%。一般奶牛产犊后，由于过度失水，要立即喂给温热、充足的麸皮粥，麸皮粥的配制比例为 10kg 水、11kg 麸皮+30g 食盐，水温 37~38℃，1 周后可降至常温。

（三）管理

由于奶牛泌乳初期体质还未恢复，抵抗力较差，因此要注意保持产房与牛体的卫生，防止产后感染的发生，另外，还要注意防止奶牛因产后大量泌乳而发生产后瘫痪。奶牛在分娩后要做好清理和消毒的工作，包括牛体和周围的环境，排出的胎衣等要及时清理干净。奶牛产后要科学挤奶，在最初挤奶时不宜一次性挤干净，否则会导致乳压升高，加剧乳房的水肿。在挤奶时要注意将头 1~2 把奶弃掉，并在每次挤奶前对乳房进行热敷和按摩。

二、泌乳盛期

（一）生理特点

泌乳盛期是指母牛产后 15~20d 到 2~3 个月，该阶段以保证瘤胃健康为基础。其生理特点是奶牛体质恢复，消化机能正常，乳房水肿消失，体质得到了很好的恢复，产奶量增加，并在产后 40d 左右的时间可达到产奶高峰期，约占全期泌乳量的 40%，可谓黄金泌乳阶段。高产奶牛采食量高峰比泌乳高峰迟 6~8 周，即奶牛的最大采食量发生在产后的 80~100d，此期的代谢旺盛，但营养的摄入却不足，大多数奶牛都会出现掉膘严重的现象。在这个时期内奶牛不得不动用体贮来满足产奶需要，泌乳头 8 周体重损失 25kg 是常常发生的，大约每失重 1kg 可满足生产 3kg 奶的能量、1.5kg 奶的蛋白质需要，看来蛋白质成为第一限制因素，增加营养可以减少空档，使失重控制在合理范围内，现在提倡的"挑战饲养"或"预支饲养"就是在泌乳盛期，除供给满足维持和泌乳的营养需要外，还额外多给精料，只要产奶量能随精料增加而继续上升就继续增料（比实际产奶量高 3~5kg 所需的营养）直到增料后产奶量不增时，才将多余的料减下来，减料要比加料慢些。

（二）饲喂

保证奶牛身体健康，提高奶牛产奶量和牛奶的质量。要根据奶牛的实际产奶量来确定适合的饲养方法。从产前 2 周开始，直至产犊后泌乳达到高峰，逐渐增加精料，到临产时喂量不得超过体重的 1% 为限。分娩后 3~4d 起，逐渐增喂精料，每天增加 0.5kg。直至泌乳高峰精料不超过日粮总干物质的 65% 为止。整个引导饲养期必须提供优质干草和青贮，日粮粗纤维大于 15%，以保证瘤胃发酵正常和乳脂率正常，同时补充丰富的钙、磷源饲料。此期的精粗料比为 60:40。日粮干物质应由占体重的 2.5%~3.0% 逐渐增加到 3.5% 以上，粗蛋白占 16%~18%，钙含量 0.7%，磷含量 0.45%。精粗比由 40:60 逐渐改为 65:35，粗纤维含量不少于 15%。注意饲喂优质干草，对减重严重的牛添加脂肪，增加 UIP（undegradable intake protein）喂量。

（三）管理

奶牛泌乳高峰期的管理非常重要，关系到奶牛整个泌乳期的产奶量和奶牛的健康。泌乳高峰期奶牛管理的目的是使泌乳量快速升高进入泌乳高峰期，同时还要保证泌乳高峰期长且稳定，使奶牛的泌乳性能最大潜力地发挥，从而提高整个泌乳期的产奶量。

泌乳高峰期要加强奶牛乳房的护理，这一阶段是乳房炎高发的阶段。泌乳量增加，可适当增加挤奶的次数，要在每次挤奶前做好热敷和按摩，在每次挤奶后对乳头进行药浴，减少乳房感染病菌的机会。合理的饲喂，奶牛在泌乳高峰期采食量增加，需要适当延长饲喂的时间，并且要少量饲喂，勤添料，保持饲料的新鲜和奶牛旺盛的食欲，使奶牛充分反刍，促进饲料的消化与吸收，确保瘤胃的健康。目前奶牛饲喂多采用 TMR 日粮，如果不使用则要让奶牛先采食粗饲料，再采食精饲料，避免奶牛出现挑食的现象。充足的饮水是奶牛保持高泌乳量的关键，在泌乳高峰时产奶量增加，代谢旺盛，需水量多，因此要加强饮水管理，在饲养过程中要给奶牛提供充足、清洁的饮水，夏季最好饮用凉水，冬季最好饮用温水。

奶牛在泌乳高峰期要维持良好的体况，合理饲喂，避免体重下降严重，并且在饲养过程中要做好观察工作，包括奶牛的泌乳量、采食量、排泄情况、体况、繁殖性能等方面的观察，并做好记录。如果发现异常要及时处理。另外还要密切注意奶牛产后的发情情况，如果发现奶牛发情，要及时配种。

三、泌乳后期

（一）生理特点

通常把分娩后 210d 到干奶期这一阶段称为泌乳后期。这一时期比较容易饲养，产奶量逐渐下降，牛已怀孕，在食欲正常情况下，摄入的营养往往大于牛的需要量，不仅能恢复泌乳期的失重，还能贮存营养，恢复较好的膘情，准备进入干乳期。但是仍然需要合理饲养，尽可能维持泌乳的持久力。切勿忘记青年母牛还在长身体，需要的营养物质，一方面用于恢复前期的失重，另一方面供给生长的需要，一般情况下可参照饲养标准，在维持的基础上，头胎牛增加 20%，二胎牛增加 10%。饲料的安排上可以增大粗料和精料的比重，降低饲养成本，满足泌乳和恢复体况的营养需要。

（二）饲喂

此阶段饲养管理的重点是调整饲喂方法，使泌乳量平缓下降，以提高奶牛整个泌乳期的产奶量。因此，在饲喂时要根据不同奶牛的实际情况进行合理饲喂，对于体况和膘情正常的奶牛采用常规的饲喂法即可，满足奶牛维持需要的同时饲喂适量的精料，用以满足产奶的需要。但是如果在前期的体能消耗过大，膘情较差，则需要加强饲喂。

第八章 泌乳牛的生产性能及其测定

第一节 影响奶牛产奶性能的因素

奶牛产奶量直接影响到养殖户的经济效益，因此如何提高奶牛的产奶量已成为养殖户关注的热门话题。影响奶牛产奶量的因素有很多，主要包括遗传因素、生理因素和环境因素等。

一、遗传因素

（一）奶牛的品种类型

奶牛的品种不同，其产奶量存在较大的差异。一般来说，乳用牛的产奶量高于乳肉兼用牛，高于地方品种牛。荷斯坦奶牛因其体型较大、泌乳期长、产奶多等优点，其产奶量目前位居世界首位，是我国奶牛养殖业最受欢迎的品种。

（二）奶牛的个体差异

在饲养管理条件一致的情况下，同一品种、年龄的奶牛，体型不同其产奶量也存在差异。研究表明体型和产奶量呈正相关的趋势，奶牛的体型越大，产奶量越高。体型大的奶牛消化器官的容积相对也大，采食量多，进而产奶量相对就比较高。研究表明体重每增加 100kg，年产奶量就随之增加 1t 左右。体型小的奶牛乳静脉不发达，泌乳性能相对较差。

二、生理因素

（一）年龄和胎次

奶牛初配年龄的选择至关重要，初次配种太早或者太晚都会影响首次泌乳期的产奶量，并且对终生产奶量也会造成一定的影响。随着年龄和胎次的增加，奶牛产奶量呈现抛物线趋势，前三胎次逐渐上升，依次是最高产奶量的70%、80%和90%~95%，第4~7胎时达到产奶高峰，之后随着机体的衰老，产奶量逐渐下降。

（二）干奶期

初次配种奶牛的干奶期是指第一次生产奶牛妊娠7个月到产犊15d之间的时间。对于经产奶牛来说，干奶期是指从停止挤奶到再次产犊前15d的时间。干奶期的时间控制有其科学的范围，一般情况下干奶期控制在60d是比较合理的。研究表明，经过60d干奶期的奶牛产奶量至少增加25%，干奶期过长或者过短都会降低产奶量。如果不经过干奶期，产奶量也会下降。妊娠后期的母牛通过干奶期增加体重，储藏供胎儿生长发育所需要的微量元素和营养物质，还可以让奶牛的乳腺腺泡快速恢复。干奶期还要控制奶牛的体重，将其维持在合理的范围之内。过胖会导致奶牛产犊时出现难产的情况，过瘦容易造成营养不良，不利于胎儿生长发育。干奶期奶牛的饲料以青饲料和粗饲料为主，尽量降低精饲料、糟渣类和多汁类饲料的饲喂量，待乳房内的乳汁被吸收乳房开始萎缩时，再逐步增加精料和多汁饲料。总之，干奶期饲料应根据奶牛的体况、乳房情况以及奶牛的食欲进行及时调整。

（三）泌乳期

根据泌乳量的多少，可以将奶牛的泌乳期分为泌乳高峰期、泌乳中期和泌乳后期三个时段。一般情况下，生产后的母牛其产奶量会逐渐增加，到第二个月达到高峰，这个时期为了能够让奶牛的泌乳情况更加稳定，且有较高的产奶量，需要提高奶牛的饲料营养，适当加大饲料的饲喂量。饲养人员可以在奶牛饲料中多添加饲料，直至增加饲料后产奶量不增加时停止加料。这一时期为了能够有效地提升产奶量，可以给奶牛提供丰富且优质的干草和青绿多汁饲料，保证每天有8h进食时间，同时还要补充充足的矿物质和清洁的饮用水。

奶牛生产后第3~5个月进入稳定期，这段时间为泌乳中期。此阶段的产奶量开始逐渐下降，下降幅度为4%~10%，因此需要减少精饲料的饲喂量，增加青绿多汁饲料的饲喂量。实时关注奶牛的运动情况，采用合理的方法对奶牛乳房进行按摩，使产奶量下降的速度减缓。泌乳后期是泌乳 5 个月之后到干乳期这段时间。此阶段奶牛产奶量迅速下降，同时也是奶牛身体恢复和胎儿生长发育的时间。泌乳后期要降低青绿多汁饲料的饲喂量，以粗饲料为主，同时补充富含矿物质和维生素的饲料。泌乳期应避免奶牛感染疾病，特别是乳房疾病，在此期间要做好产房和牛体的消毒。

（四）产犊间隔

最理想的产犊间隔是 365d，即每年产奶 305d，干奶 60d。产犊间隔过长或者过短都会影响奶牛的产奶量。

三、环境因素

产奶量仅 25%～30%受遗传和生理因素影响，而 70%～75%受环境因素的影响，特别是饲料和饲养管理条件的影响。

（一）饲料因素

奶牛产奶量很大程度上取决于采食量和饲料的质量，因此饲料是奶牛产奶量的决定因素。饲料的多样性也非常重要，种类多样的饲料能避免奶牛产生营养不良等问题，而且也能促进奶牛的食欲，增加采食量。奶牛的饲料以青绿饲料为主，是供给奶牛能量的唯一来源。饲料品质好，营养全，奶牛产奶量就高；饲料营养价值低，品质差，奶牛产奶量就下降。饲喂时矿物质、微量元素和维生素的添加也会影响产奶量和牛奶的质量。

（二）饲养管理因素

饲养管理做得好，比如加强奶牛运动和适当的光照、修剪牛蹄防止滋生细菌、合理的饲喂技术、牛舍内的通风，都有利于奶牛产奶量的提升。季节对奶牛的产奶量影响也较大。夏季气温高，奶牛容易被病菌感染和产生热应激，会使奶牛的产奶量降低；而冬季温度低，也会对奶牛的产奶量造成一定的影响。除此以外，奶牛患病或者健康受损也会对产奶量造成影响。奶牛患病或者健康受损后，生理状况异常，影响奶的形成，奶牛的产奶量就会下降。因此，日常生产中一定要做好疾病防控的相关工作。

第二节　产奶性能的测定

一、产奶量的测定

（一）测定方法

产奶量的测定方法有两种，即人工测量和自动计量。人工测量又分为手工称量和容量性测量装置测量，手工称量适用于手工挤奶和提桶式挤奶机挤奶，容量型测量装置适用于机械挤奶。自动计量是在机械挤奶系统上装置流量传感器和奶牛个体识别传感器，用电脑自动测量、处理产奶量数据，适用于大型牛场机械挤奶。

（二）测定时间

（1）每次挤奶时测量奶量逐天累计。

（2）每月称量记录 3d 的产奶量，每次间隔 8~11d，依此为根据统计每月和整个泌乳期的产奶量。

$$全月产奶量 = （M_1 \times D_1）+（M_2 \times D_2）+（M_3 \times D_3）$$

式中，M_1、M_2、M_3 为测定日全天产奶量；D_1、D_2、D_3 为当次测定日与上次测定日间隔的天数。

（3）可根据实际情况增加或减少测定次数。测定间隔越小，结果越准确，但需要增加测定成本。

（三）个体产奶量的计算

个体牛全泌乳期的产奶量以 305d 产奶总量、305d 标准乳量和全泌乳期实际奶量为标准。其计算方法是：

（1）305d 产奶总量。产犊第一天开始到 305d 为止的总产奶量。不足 305d 的，按实际奶量，并注明泌乳天数；超过 305d 的，超出部分不计算在内。

（2）305d 标准乳量。标准乳虽然要求泌乳期为 305d，但有的牛泌乳期达不到 305d，或者超过 305d 又无日产记录可以查核，为便于比较，应将这些记录校正为305d 的近似产量，乘以相应的校正系数，得到校正305d 产奶量。

（四）群体产奶量的计算

群体产奶量不但反映该牛群整体产奶遗传性能的高低，也反映牛场的饲养管理水平。群体产奶量的统计与计算是以日历年为基础的。全群产奶量的统计分为计算成年牛（又称应产牛）的全年平均产奶量和泌乳牛（又称实产牛）的全年平均产奶量，计算公式分别如下：

$$成年牛全年平均产奶量 = \frac{全群牛全年总产奶量}{全年每天饲养成年母牛头数}$$

$$泌乳牛全年平均产奶量 = \frac{全群全年总产奶量}{全年每天饲养泌乳母牛头数}$$

二、乳脂率和乳脂量的测定和计算

（一）乳脂率的测定和计算

1. 平均乳脂率

乳脂是指牛奶中所含的脂肪，乳脂率是指牛奶中所含脂肪的百分率。牛的乳脂率在整个泌乳期中有一定程度的变化，一般乳脂率是指平均乳脂率。常规的乳脂率测定方法是，在全泌乳期的十个泌乳月里，每月测定一次，将测定数据分别乘以该月的实际产奶量，而后将所得乘积累加起来，再被总的产奶量来除，即得平均乳脂率。计算公式如下：

$$平均乳脂率 = \frac{\sum (F \times M)}{\sum M}$$

式中，F 指在某个泌乳期中每次测定乳脂率的测定值；M 指某一测定值所代表的该段时间的产奶量。

2. 4%标准奶量

为了比较牛与牛之间的产奶量，以4%乳脂率的牛奶作为标准奶。乳脂率超过或者不足4%，可调整到4%。4%标准奶量可作为对一头牛的产奶量和乳脂率的综合评判指标。

$$4\% 标准奶量（FCM） = M(0.4 + 0.15F)$$

式中，FCM 指乳脂率为4%的标准奶量；M 指乳脂率为 F 的奶量；

F 指牛奶的实际乳脂率。

(二) 乳脂量的测定和计算

乳脂量是指牛奶中所含脂肪的含量，它等于乳脂率与产奶量的乘积。

三、饲料转化率的计算

饲料转化效率是鉴定牛奶品质的重要指标之一，既能说明牛将饲料转化为牛体自身组织的能力，也能反映饲养管理水平的高低和某种饲养管理措施的实际应用效果。在奶牛养殖实践中，推广饲料转化率这一衡量奶牛综合养殖效益的指标具有重要的理论和实践意义。其计算方法有两种：

1. 每千克饲料干物质生产牛奶的千克数

$$饲料转化率 = \frac{全泌乳期总产奶量(kg)}{全泌乳期饲喂各种饲料干物质总量(kg)}$$

2. 每生产 1kg 牛奶需消耗饲料干物质的千克数

$$饲料转化率 = \frac{全泌乳期饲喂各种干物质总量(kg)}{全泌乳期总产奶量(kg)}$$

在奶牛场实际操作中，每个圈舍奶牛饲料干物质采食量可通过日粮配方和每日饲料实际投喂量与饲料剩余量轻松获得；每个圈舍奶牛的产奶量可通过奶罐内牛奶的重量获得；在一些规模化的牧场，每头奶牛的产奶量、乳成分都能通过挤奶机械自动显示并记录。在我国当前的奶牛养殖硬件和软件设施配备上，奶牛场可以自己开展饲料转化率的计算。

四、乳蛋白率的测定

乳蛋白率是指奶中所含蛋白质的百分率；乳蛋白量是指奶中所含蛋白质的重量，它等于乳蛋白率与产奶量的乘积。牛乳中的蛋白质在催化加热条件下被分解，产生的氨与硫酸结合生成硫酸铵。然后碱化蒸馏使氨游离，用硼酸吸收后，在用硫酸或者盐酸标准滴定溶液滴定，根据算得的消耗量得到样品中的氮的含量，乘以换算系数，即为蛋白质的含量。因此，乳蛋白量的测定一般采用凯氏定氮法进行检测。

五、排乳速度

排乳速度是近30年来评定奶牛生产性能的重要指标之一，母牛排乳速度快有利于在排乳厅集中挤乳。排乳速度一般用平均每分钟的泌乳量来表示。排乳速度测定方法很简单，可用弹簧秤挂在三脚架上以每30s或每分钟排出的奶量（kg）为准，一般可结合产奶记录进行测定。由于每分钟的泌乳量与测定的日产奶量有关，所以在一定的泌乳阶段测定，一般规定在第50~180个泌乳日期间在一个测定日内测定一次挤奶中间阶段需要的时间和奶量。被测定奶牛要求所测定的奶量不少于5kg，其剩余的奶量少于300g。由此得到的平均每分钟奶量还需要再校正为第100泌乳日的标准平均每分钟泌乳量，校正公式为：

标准奶流速=实际流速+0.001×（测定时的泌乳日-100）

国内对几种主要品种母牛的排乳速度做了规定，美国荷斯坦奶牛为3.61kg/min，德国荷斯坦奶牛为2.5kg/min，德国西门塔尔牛为2.08kg/min，上海荷斯坦奶牛为2.28kg/min。排乳速度遗传力较高，为0.5~0.6，选种时应考虑此指标。

六、前乳房指数

奶牛的前乳房指数是度量各乳区泌乳的均衡性的主要指标，指一头牛的前乳房的挤奶量占总挤奶量的百分率。具体测量方法是使用四个乳罐的挤奶机进行测定，四个乳区分别流入四个罐内，由自动记录秤或罐上的容量刻度测得每个乳区的挤奶量。所测结果，可用下列公式计算前乳房指数：

$$前乳房指数 = \frac{前两个乳区乳量}{总乳量} \times 100\%$$

在外貌鉴别时，一般都强调母牛乳房的4个乳区必须发育匀称，但只凭肉眼判断乳区的对称程度，不如通过4个乳区奶量的实际测定精确可靠。根据瑞典用头数众多的几个乳牛品种的调查研究表明，左右乳房的奶量基本相等，即左右乳房发育基本匀称，而前后乳区产奶量差别较大。后乳区的产奶量通常超过前乳区，前乳区发育也不如后乳区，故常用前乳房指数表示乳房的对称程度。牛奶前乳房指数一般范围在40%~

46.8%。理论上说，该指数越接近 50%越好，说明前后乳区的发育更为均匀。一般来说，初胎母牛的前乳指数大于 2 胎以上的成年母牛，如德国荷斯坦牛初胎母牛前乳房指数为 44%，成年母牛为 43%。

七、中国荷斯坦牛产奶量的校正

我国奶牛产奶量估测的研究始于 20 世纪 80 年代末期，一直采用测定日间隔法计算校正 305d 产奶量，但在实际应用中已显露出一些问题。究其原因，一方面是产奶量校正系数仅适用于国外，而我国饲养管理水平略低，这样应用不是很科学合理，另一方面是由于测定日间隔法要求每头奶牛测定日记录大于 7 次，从而造成预测率低、早期和中期的产奶量预测误差大等问题。为完善中国荷斯坦奶牛 305d 产奶量估计方法，提高估计的准确性，为奶牛育种和饲养管理提供理论依据，研究者们会比较多种估计奶牛 305d 产奶量的方法，希望能够筛选出适合奶牛生产性能测定（DHI）报告中应用较为准确且方便的方法，并尝试找到可以早期预测 305d 产奶量的方法。研究方向主要集中在建立线性回归模型、对已有模型进行改进和应用、不同泌乳曲线数学模型参数分析及拟合效果的比较以及奶牛产奶量校正系数的研究应用等方面。目前有研究表明 Nelder 模型制定的校正系数校正测定间隔法估计的产奶量较为准确，该方法可应用于 DHI 报告中 305d 产奶量的预测，达到早选、淘汰牛只及提高饲养管理水平的目的。

第三节　DHI 体系及其在奶牛饲养管理中的应用

奶牛群改良（Dairy Herd Improvement，DHI），又称奶牛生产性能测定体系，已经成为中国奶牛群体遗传改良的一项重要基础性工作。主要是通过收集牛群饲养管理、繁殖配种、乳房保健及疾病防治等资料，测定奶牛产奶量、乳成分等指标，经分析后形成检测报告，通过"体检报告"指导奶牛场饲养、育种和防病治病等，提高奶牛场的生产性能。

一、奶牛生产性能测定的目的和意义

(一) 提高牛群饲养管理水平

管理者对奶牛合理的分群是实现奶牛生产效率最大化的有效管理工具，牛群分群的主要依据是胎次、泌乳天数和产奶量。奶牛场的管理者可以从 DHI 测定报告中获得奶牛群体和个体两个层面的数据，为奶业育种值提供基础数据，从而为奶牛科学饲养管理提供依据，是发展高效奶牛业的关键。应用 DHI 管理的牛群比没有应用 DHI 的牛群生产水平有明显提高。DHI 体系可作为一个有效的量化牛群管理工具，对牛群进行有效的管理。另外，DHI 还为牛场提供了一套完整的生产性能记录，通过牧场数字化管理软件分析，采用 TMR 进行科学量化调配饲喂，不断提高牛群饲养管理水平和奶牛生产性能。

(二) 提高产奶量和牛奶品质

牛奶的质量主要体现在牛奶的成分和卫生两方面，DHI 测定是提高奶牛产奶量和提高乳成分的有效方法。利用 DHI 分析软件及平台对奶牛群体和奶牛个体的生产性能进行评定，找出奶牛育种和生产管理上的问题，奶牛养殖场依据 DHI 报告中的测定结果对奶牛养殖生产进行及时、正确的指导，从而达到有效的控制牛奶中乳脂率和乳蛋白率的目的，最大限度地提高奶牛生产效益，产出优质牛奶，并且 DHI 的使用还降低了饲养成本。据统计，连续参加奶牛 DHI 测定 5 年以上的牧场平均每年每头奶牛单产增加 0.35t，按照每千克鲜奶 3 元计算，每头奶牛直接增加经济效益 1 050 元。

(三) 改善日粮结构

DHI 报告中有反映乳脂率与乳蛋白率之间关系的一项指标，即脂蛋比。中国荷斯坦牛生产的牛奶中脂蛋比在 1.12~1.36。如果指标偏高，则可能是日粮中脂肪的含量过高，或者是蛋白质的供应量不足。尤其需要注意的是，如果在奶牛泌乳早期脂蛋白比特别高，则要考虑奶牛是否发生酮病。如果比值过低则可能是日粮中的精饲料过多，缺乏粗纤维或者瘤胃发酵受阻（尤其是纤维的消化），或是日粮组成、精粗料物理性加工有问题。因此需要及时调整日粮的营养水平和日粮的精粗比例。

DHI报告所显示的低乳脂率或者低乳蛋白率还在一定程度上反映了奶牛的营养和代谢状态不理想，此时应该仔细分析，从中查找原因，进行日粮结构的调整和改善，使日粮的结构更加合理。如果乳脂率与乳蛋白率的差值小于0.4个百分点，则可能奶牛已经发生了瘤胃酸中毒。如果奶牛群中有8%~10%的泌乳牛乳脂率比群体平均乳脂率下降1个百分点，同样也可能是发生了瘤胃酸中毒。如果奶牛泌乳早期乳蛋白率很低，可能存在的问题有：干奶期时奶牛日粮不合理，造成产犊时膘情太差；泌乳早期精料喂量不足，蛋白含量低，日粮中可溶性蛋白或者非蛋白氮含量高，配方中包含了高水平的瘤胃活性脂肪。

（四）推进奶牛遗传育种改良

明确的育种目标是一切卓有成效的育种工作的必要前提。制定奶牛的育种目标需要考虑产奶量、乳脂率、乳蛋白率等生产性状、以及与生产性状高度相关的很多功能性状如乳房结构、体细胞数等，另外还包括与奶牛的饲养管理以及使用年限息息相关的肢蹄、体型、繁殖力等。所以全面考虑生产性状与功能性状才能制定出适合牛场和未来奶牛产业发展的育种目标，还要有相应的奶牛选育计划才能很好地根据目标进行选择，提高奶牛遗传品质。DHI奶牛生产性能测定体系通过每月一次的奶样测试和头胎牛体型外貌鉴定，对全省基础奶牛群生产性能进行准确分析，然后将分析结果送至数据处理中心，了解牛只的终生效益指数，根据终生效益指数可以了解奶牛的各项性状，然后进行后裔评定，选择优秀种母牛和种公牛；根据奶牛的生产性能测定结果，结合体型外貌评分以及体细胞数等性状情况对群体奶牛进行选种、选配；进行良种登记，建立奶牛繁育技术体系，培育高产育种核心。另外，DHI体系中牛群平均泌乳天数、牛群的产犊间隔等都是衡量牛群繁殖性能的重要指标。可用这些指标来检测牛群繁殖状况，检查影响繁殖性能的因素，比如饲料、饲养、牛只健康或配种技术等，从而采取有效措施，以达到改善牛群繁殖状况的目的。

（五）指导奶牛健康管理

DHI报告还可以显示出奶牛乳成分和体细胞的变化，从而使养殖者可以及时了解、判断奶牛是否患病，如乳房炎、酮病等，使得养殖人员可以及时采取有效措施，有针对性地改善奶牛的饲养管理水平、繁殖状况以及瘤胃的健康，减少牛群某些疾病的发生，进而降低疾病治疗的费用，减少奶牛淘汰的数量。

牛奶中的体细胞数是乳房健康状况的标志性指标，体细胞数越高，表明乳房组织感染或受损程度越重，通过 DHI 测定，可以测试出牛奶中的体细胞数，体细胞数量的高低直接反映了奶牛乳房的健康状况。临床乳房炎是肉眼可以观察到的，会对奶牛产奶量产生明显的影响；然而隐性乳房炎是肉眼无法观察到的，只能通过测试才能了解隐性乳房炎。研究表明，隐性乳房炎具有较强的传染性和危害性，不仅影响产奶量和牛奶的口感及风味，也会发展成临床乳房炎。DHI 测定后针对体细胞数大于 50 万/mL 的牛只采取一系列的预防措施，可有效控制隐性乳房炎的发生，确保牛只乳房健康，从而提高牛奶的质量和产量。

二、奶样的采集与保存

（一）测定奶牛的要求

将所有产后第 6d 至干奶前 6d 的泌乳牛的牛只资料收集完整，包括系谱记录、出生日期、分娩日期、胎次等。

（二）奶样的采集与保存

用取样瓶对参加 DHI 测试的所有牛只每月采集奶样一次，两次测定间隔一般为 26~33d。每次采样需对所有泌乳牛进行采样，一天挤奶两次，早晚按 6：4 比例混合，一天三次挤奶按 4：3：3（早、中、晚）比例取样，总奶量为 50mL。混合均匀后用重铬酸钾作为防腐剂进行防腐。在 15℃ 条件下可保持 4d，在 2~7℃ 冷藏条件下可保持一周。在采样过程中，应将奶样混匀，使采集的奶样具有代表性，否则会对检测结果产生影响。

三、DHI 体系检测流程及内容

（一）DHI 体系检测流程

牧场提供牛场的牛群基本情况、每月产犊信息等作为基本信息输入到计算机，数据准备要将测定日的产奶量及其常规成分测定记录输入，在汇总输出后就可得到 DHI 报表。图 8-1 呈现了奶牛生产性能测定分析流程。

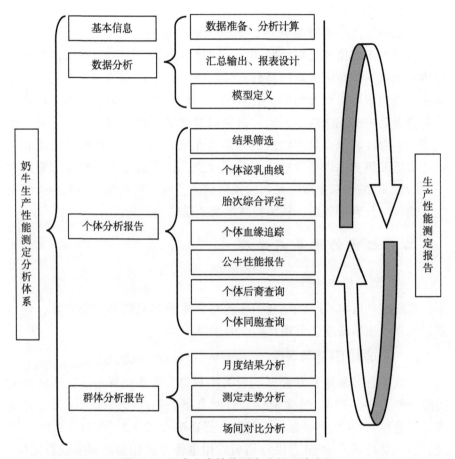

图 8-1 奶牛生产性能测定分析系统流程

DHI 报表有很多类型，主要包括参测牛群结构表、产奶量分组报告、干奶报告、泌乳天数分组报告、胎次分组报告、体细胞跟踪报告、生产性能跟踪表、体细胞趋势分析报告、脂蛋比趋势的牛只明细表、综合测定结果表、测定走势分析表、月度结果分析表、每月测定报告、综合损失表等。

（二）DHI 检测内容

检测的主要内容为牛群产奶性能，包括测定日产奶量、乳脂率、乳蛋白率、乳糖、乳尿素氮、体细胞数、牛奶损失、校正奶量、高峰奶量和高峰日、305d 预计奶量、成年当量、泌乳持续力等信息。从而制定行之有效的措施，达到提高奶牛群体生产水平的目的。

1. 日产奶量

日产奶量是指泌乳牛测定当日的总产奶量，单位为 kg。

2. 乳糖

糖类在牛奶所含的营养物质中起关键作用，其含量可达到 10%，并且几乎仅以乳糖的形式存在（占牛奶中糖分的 98%）。目前已经建立了大量用于测定乳糖含量的方法，包括传统的重量分析法、红外光谱法、分光光度法和酶法，以及高特异性、高灵敏度的高效液相色谱示差折光检测器法和高效阴离子交换色谱-脉冲安培检测器法。

3. 乳尿素氮

乳尿素氮（milk urea nitrogen，MUN）含量正常范围在 $10\sim16$mg/dL，也有报道在 $10\sim18$mg/dL 范围内。如果 MUN 数值过高，则直接反映出饲料中能氮不平衡，蛋白没有被有效地利用。由于牛奶较血液、尿液等易于采集，因此在奶牛的生产实践中开展对牛奶的尿素氮测定较常见。检测乳尿素氮，可以检测奶牛日粮能氮平衡、蛋白需要量、繁殖率及诊断代谢疾病，进而提高奶牛群体的生产水平，同时还可以减少因过量氮排放所造成的环境污染。

4. 体细胞数

体细胞数（somatic cell counts，SCC）通常有巨噬细胞、淋巴细胞和多行核嗜中性白细胞等组成。正常情况下牛奶中的体细胞数一般在 $2\times10^5\sim3\times10^5$个/mL。科学研究表明，牛奶中的 SCC 含量与奶牛乳房炎有关。当乳房受到外伤或者发生疾病时体细胞数就会迅速增加。如果细胞数超过 5×10^5个/mL，就会导致产奶量下降。另外，由于 SCC 引起的乳房炎可导致乳成分变化，从而影响牛奶质量与风味。

5. 牛奶损失

牛奶损失是由计算机计算产生的数据，用于确定奶量的损失。牛奶损失是由于奶牛乳房受到病原菌感染而造成的，其中大部分是由于乳房炎造成的。因此，可以通过 SCC 和产奶量的高低进行计算。牛奶损失和经济效益有着直接关系，因此预防牛奶损失，对提高经济效益具有重要作用。表 8-1 呈现的是产奶量、SCC 与牛奶损失的关系。

表 8-1　产奶量、SCC 与牛奶损失的关系

SCC 计数/mL	牛奶损失
SCC<15 万	牛奶损失 = 0
15 万≤SCC<25 万	牛奶损失 = 产奶量×1.5/98.5
25 万≤SCC<40 万	牛奶损失 = 产奶量×3.5/96.5
40 万≤SCC<110 万	牛奶损失 = 产奶量×7.5/92.5
110 万≤SCC<300 万	牛奶损失 = 产奶量×12.5/87.5
SCC>300 万	牛奶损失 = 产奶量×17.5/82.5

6. 校正奶量

校正奶量是由计算机计算产生的数据，是依据泌乳天数和乳脂率得到的，单位为 kg。校正奶量是将实际产奶量校正到产奶天数为 150d，乳脂率为 3.5%时的奶量。同等条件下，校正奶量既可用于不同泌乳阶段的牛之间的生产性能的比较，也可用于不同牛群间生产性能的比较。

7. 高峰奶量和高峰日

高峰奶量是以该牛本胎次以前几次产奶量比较得到的最高奶量。高峰日则表示产奶峰值发生在产后的多少天。高峰日到来的时间和高峰奶量的高低直接影响胎次奶量。通常泌乳高峰日到来时间约为产后 50d，而奶牛采食量高峰日到达时间约为产后 90d，据相关资料统计，峰值奶量每提高 1kg，相当于胎次奶量一胎牛提高 400kg，二胎牛提高 270kg，三胎以上提高 256kg。可见，缩短高峰日到来时间和提高峰值奶量对于提高饲养效益起着积极的作用。和高峰奶量有关的另一个诊断指标是峰值比。峰值比是以一胎牛的峰值除以其他胎次的峰值。加拿大曼尼托巴大学研究表明，所有不同产奶水平的牛群其峰值变化范围很狭窄，都在 0.76~0.79。

8. 305d 预计奶量

305d 预计产奶量是计算机计算产生的数据，单位为 kg。如果泌乳天

数不足 305d 则为预计产量,如果完成 305d 奶量,该数据为实际奶量。通过此指标可了解牧场不同牛只的生产水平及牛群的整体生产水平,作为奶牛淘汰的决策依据。仔细研究前后几个月 305d 的预测奶量,就会发现同一头奶牛不同月份 305d 的预测量有所差异。若这个预测产奶量增加,说明饲养管理有所改进;若奶量降低,则表明奶牛的遗传潜力由于饲养管理等诸多因素的影响而未能得到充分的发挥。

9. 成年当量

成年当量是计算机计算产生的数据,单位为 kg。成年当量是借助 DHI 软件将不同胎次一个泌乳周期的 305d 产奶量校正到第 5 胎时的 305d 产奶量。一般认为第 5 胎母牛的身体各部位发育成熟,性能理论上达到最高峰。由于目前牛群的平均胎次已经缩短到 3.0~3.5 胎,高产胎次前移,因此我们认为成年当量以校正到第三胎时 305d 产奶量为准似乎更切合实际。利用成年当量可以比较不同胎次泌乳母牛整个泌乳期生产性能的高低,也可用于不同牛群间生产性能的比较。

10. 泌乳持续力

泌乳持续力是由个体牛测定日产奶量与前次奶量计算而来的。计算公式为:泌乳持续力=测定日奶量/前次测定日奶量×100%。泌乳持续力随胎次和泌乳阶段而变化,一般一胎牛的产奶量下降比二胎以上的牛慢(表8-2)。

表 8-2 正常的泌乳持续性指标

胎次	泌乳天数持续性		
	0~65d	65~200d	200d 以上
一胎	106%	96%	92%
二胎以上	106%	92%	86%

注:摘自比尔·斯拉克《使用 DHI 记录提高奶牛产奶量和繁殖率》

第九章　原料奶的质量控制

第一节　牛奶的理化性质

一、牛奶的化学成分和营养价值

正常牛奶中的化学组分是稳定的，主要包括：水、脂肪、蛋白质、乳糖、矿物质、维生素等，但牛奶的化学成分也受奶牛品种、个体、地区、饲料、季节、环境及健康状况等因素的影响。

（一）水分

水是牛奶中最主要的成分，占87%～89%。正是由于水作为溶剂存在，才使得牛奶形成均匀而稳定的流体，牛奶中的水分为游离水、结合水和结晶水。

（二）乳脂

牛奶中的乳脂含量一般为3%～5%，以微滴的形式存在于乳浆中，脂肪球的平均直径为3μm，单个脂肪球的平均直径越大，乳脂肪含量越高。

乳脂肪中含有大量人体必需的脂肪酸，其种类多于一般动植物脂肪，乳脂中含低级挥发性脂肪酸多达14%，其中水溶性脂肪酸（乙酸、丁酸、辛酸）达8%左右，而其他油脂中只含1%。牛奶中的乳脂还是脂溶性维生素A、D、E、K等的载体。

（三）乳蛋白

乳中蛋白质主要有酪蛋白，其次为乳白蛋白、乳球蛋白和其他多肽等。乳蛋白由20多种氨基酸构成，由于构成乳蛋白的氨基酸种类和含量不同，所构成蛋白质的生理功能也各不相同。

酪蛋白约占乳蛋白的 80% 以上，酪蛋白以胶束状态存在于牛奶中，以酪蛋白酸钙和磷酸钙复合物的形式存在。降低牛奶的 pH 值到达酪蛋白的等电点，酪蛋白沉淀析出，而其他蛋白残留在乳清中，将乳清加热至沸腾并调整 pH 值至 4.4~4.7，乳清蛋白会沉淀出来，乳清蛋白包括乳白蛋白、乳球蛋白等。

乳蛋白是牛奶中最有营养价值的成分，按其组成和营养特性划分牛奶属于全价蛋白，因此有较高的营养价值，无法用其他的蛋白质补偿。

（四）乳糖

牛奶中乳糖含量为 4.6%~4.7%，占总乳固体的 38%~40%，占牛奶中总碳水化合物的 99.8%。乳糖在牛奶中几乎全部溶解。

在乳糖酶的作用下，乳糖在体内可以被分解成葡萄糖和半乳糖为机体供能。

（五）矿物质

牛奶中主要有钙、钠、镁、钾和一些微量元素，这些矿物质成分大部分与有机酸结合成盐类，少部分与蛋白质结合和吸附在脂肪球上。

（六）维生素

牛奶中含有的维生素可分为脂溶性维生素（维生素 A、D、E、K）和水溶性维生素（维生素 B_1、B_2、B_6、B_{12}、C 等）。这些都是人体必需的维生素，有利于调节新陈代谢和保持健康。

（七）酶

牛奶中的酶种类较多，其中脂肪酶、磷酸酶、蛋白酶、过氧化物酶、脱氢酶等对乳制品的加工处理和乳品质评定具有重要意义。

二、牛奶的物理性质

（一）色泽和气味

新鲜牛奶呈乳白色或稍显淡黄色，乳白色是牛奶的基本色调，这是因为牛奶中的酪蛋白乳糜微粒折射产生。乳脂中的胡萝卜素和叶黄素，使得牛奶具有独特的淡奶油色，脱脂乳透明度较高，并稍带蓝色。在正常情况下，酪蛋白乳糜微粒与钙结合，当再与柠檬酸结合后，牛奶会变成淡黄色的透明液体。

奶中含有挥发性脂肪酸和其他挥发性物质，所以牛奶带有特殊的香味。并且牛奶除了原有的气味外还容易吸收外界的气味。

（二）密度

牛奶的密度可以通过牛奶比重计测定。牛奶的密度与乳蛋白和乳脂含量相关，水的密度是 $1.0g/mL$，乳汁的密度略高于水，而牛奶中非脂类固体的密度高于水。3%乳脂的牛奶样品在 4℃ 下密度为 $1.0295g/mL$，当乳脂率上升到 4.5% 时，牛奶的密度下降到 $1.0277g/mL$。

不同温度也会影响牛奶的密度，加热后牛奶中脂肪球的结构发生改变，引起牛奶密度降低。

（三）沸点和冰点

牛奶的沸点和冰点受牛奶中固体溶质影响，其中影响最大的是乳糖，乳糖含量越高，牛奶沸点越高、冰点越低。牛奶的沸点在 101kPa（1 个大气压）下约为 100.55℃。牛奶由于溶质的存在，其冰点低于水，通常在 -0.55～-0.53℃。正常的新鲜牛奶，由于乳糖和盐类含量变化很小，冰点较稳定。在牛奶中掺水会导致冰点上升，所以冰点的变化也可以反映牛奶中水的含量。

（四）pH 值

乳蛋白中含有较多酸性氨基酸和自由羧基，所以正常牛奶偏弱酸性，pH 值 6.5～6.7。新鲜牛奶中没有乳酸，牛奶放置一段时间后，乳糖被细菌发酵产生乳酸，牛奶中就会含有乳酸。牛奶的酸度越高，热稳定性越差，当室温下牛奶的 pH 值下降到 4.7 时，牛奶中的蛋白质会絮凝成块。在高温下，牛奶的 pH 值升高到一定程度蛋白质也会结块。

（五）热稳定性

新鲜牛奶的热稳定性好，加热后不会改变结构。延长加热时间会使牛奶中的酪蛋白乳糜微粒尺寸缩小，从而引起牛奶中糖分变化。当牛奶放置一段时间后 pH 值会降低，这时加热牛奶很容易出现结块的固体。

第二节　原料奶的质量管理

一、牛奶的验收

我国规定的生乳检测标准（GB 19301—2010）相关要求如下（表9-1、表9-2）：

（一）感官指标

表9-1　感官指标

项目	要求	检验方法
色泽	呈乳白色或微黄色	
滋味、气味	具有乳固有的香味，无异味	取适量试样置于50mL烧杯中，在自然光下观察色泽和组织状态。闻其气味，用温开水漱口，品尝滋味
组织状态	呈均匀一致液体，无凝块、无沉淀、无正常视力可见异物	

（二）理化指标

表9-2　理化指标

项目	指标	检验方法
冰点[a,b]/（℃）	-0.560～-0.500	GB 5413.38
相对密度/（20℃/4℃）	1.027	GB 5413.33
蛋白质/（g/100g）≥	2.8	GB 5009.5
脂肪/（g/100g）≥	3.1	GB 5413.3
杂质度/（mg/kg）≤	4.0	GB 5413.30
非脂乳固体/（g/100g）≥	8.1	GB 5413.39
酸度/（°T）牛乳[b]	12～18	
羊乳	6～13	GB 5413.34

[a]挤出3h后检测

[b]仅适用于荷斯坦牛

（三）污染物限量

GB 2762 规定的生乳污染物限量如表 9-3 所示。

表 9-3　污染物限量

指标要求		限量（mg/kg）
Pb	≤	0.05
Hg	≤	0.01
As	≤	0.1
Cr	≤	0.3
亚硝酸盐（以 NaNO$_2$ 计）	≤	0.4

（四）真菌毒素限量

应符合食品中真菌毒素限量（GB 2761）的规定，即黄曲霉毒素 M 的限量为 0.5μg/kg。

（五）微生物限量

菌落数目总数应小于等于 2×10^6 CFU/g(mL)。

（六）农药残留限量和兽药残留限量

农药残留限量和兽药残留限量应符合国家有关规定。

二、牛奶的分级

我国现行的生乳检测标准未对生乳进行分级，生乳的质量会影响加工后的乳制品的质量。确保最大化保留天然活性营养，对于奶企来说是极大的挑战，要面对原奶要求品质苛刻、加工技术门槛高，且不耐高温、无法常温保存、随着时间的延长而衰减等一系列问题。在符合生乳的国家标准条件下，用脂肪、蛋白质、菌落总数和体细胞数四项指标把生乳分为特优级和优级（表 9-4），特优级生乳适用于加工优质巴氏杀菌乳、优质 UHT 灭菌乳和其他优质乳制品，优级生乳适用于加工优质 UHT 灭菌乳和除优质巴氏杀菌乳之外的其他优质乳制品。这一规范实现了优质奶源与优质加工工艺融合，并成功构建了涵盖"饲料—养殖—加工—产品—物流"的奶业全产业链质量安全与营养品质评价数据库。

表9-4　优质生乳脂肪、蛋白质、菌落总数和体细胞数指标

项目	等级		
	特优（A⁺）	优级（A）	检验方法
脂肪（g/100g）≥	3.4	3.3	GB 5009.6
蛋白质（g/100g）≥	3.1	3.0	GB 5009.5
菌落总数［CFU/g（mL）］≤	5×10^4	1×10^5	GB 4789.2
体细胞个数（个/mL）≤	3×10^5	4×10^5	NY/T 800

第三节　原料奶的质量控制

牛奶刚挤出时会有少量的微生物，但在外界不良因素的影响下，如时间延长，环境变化以及管理不当等，会受到微生物的污染，从而导致其酸度明显增高，造成牛奶质量严重下降，尤其是严重酸败时不允许用于加工乳制品。

一、牛奶的污染来源

（一）乳房内的微生物

正常情况下，奶牛乳房中始终存在一些细菌，其通常会经由乳头管移动到乳池下部，再随着细菌自身的繁殖以及乳房的运动而移动到乳房内部。另外，乳头前端容易因外界环境入侵细菌，因此最先挤出的牛奶中一般存在很多的细菌。正常情况下乳头管处的细菌数量高达每毫升6 000个左右，后面挤出来的牛奶中所含的微生物数量较少，达到每毫升200~600个。但是当奶牛患有乳房炎后，因为感染病原微生物，会导致分泌牛奶中的微生物数量提高。

（二）挤奶过程中感染微生物

由于奶牛经常在泥泞或者存在粪便的地上走动或者休息，而导致牛蹄、身躯黏附大量粪便、土壤，而这些物质中有很多细菌，尤其是粪便，是大肠杆菌的主要来源。一般来说，未经清理的牛体所黏附的污垢中，每克含有几亿乃至几百亿个细菌；通常每克湿牛粪中有几十万至几亿个

细菌,每克干牛粪则含有几亿至百亿个细菌。挤奶过程中,只要这些污垢落入牛奶中,就会有严重的影响。

(三)挤奶环境的污染

主要有挤奶间的空气、浮尘和降尘,地面的清洁程度以及苍蝇、老鼠等病菌污染,很容易导致牛奶中微生物数量增加。

(四)挤奶员的污染

经由挤奶员双手、衣服、呼吸以及其他操作等而导致的牛奶污染,从而导致牛奶中所含的微生物数量增多。

(五)挤奶设备的污染

接触牛奶所用的工具没有经过严格的清洗、消毒,往往会黏附微生物,这也是原料奶中微生物增多的一个重要原因。

二、异常奶

异常奶一般分为生理异常奶、化学异常奶和病理异常奶三种。生理异常奶是指初奶、怀孕 7~8 个月的末梢奶。化学异常奶分为高酸度酒精阳性奶、低酸度酒精阳性奶、混入杂质的奶以及风味奶等。病理异常奶指乳房炎奶、其他疾病奶等。

三、控制措施

(一)牛舍及挤奶厅的卫生

地面要及时清扫,粪便要有专门存放的场地;挤奶厅空气要流通,定期清除屋顶及死角,给奶牛创造一个良好的环境。可用 1%~1.5% 灭害灵药水喷洒牛舍及地面。

(二)净化水源

牛饮用水及冲洗用水,都应达到卫生标准。水槽每周至少冲洗 1 次,以防污染。

(三)乳房表面擦洗

因牛的趴卧,牛蹄上易黏附粪便、污水、干草等,上面附着的细菌数目众多。所以,饲养员要勤清扫,使牛体洁净,同时也有利于牛体正常的新陈代谢。乳房擦洗要由上至下，要尽量做到每头牛一桶水、一块毛巾（或一次性纸巾），以防交叉感染。洗后要擦干，挤掉头三把奶。奶桶上面附滤布，防止杂物进入奶中。

（四）挤奶机及其他设备的清洗消毒

清洗要掌握4个要素：①温度适宜；②足够长的时间；③合适的浓度；④足够的水量和机械力。程序制定后要持之以恒，操作严格，只有这样，才能将管道中的乳垢、乳石等物质除去。

（五）原料奶的收集与存储

将机械奶和手工奶，合格奶和不合格奶分开。另外乳房中挤出的牛奶应及时冷却至4℃左右，短期存贮。

第四节 牛奶的处理与保存

鲜奶属于特殊畜产品，具有保存、运输、加工、管理的特点。防止生产过程中鲜奶被污染、卫生质量下降，是牛奶生产过程中的重要工作。

导致鲜奶腐败变质的原因是在挤奶及挤奶后的处理、运输、贮存过程中，由于挤奶用具、贮奶罐清洗消毒不严格，工作人员不注意卫生操作等因素，使鲜奶受到不同程度的污染。奶中的细菌数增加，能导致污染牛奶的细菌种类繁多，有的能引起牛乳变酸和变质。环境微生物进入鲜奶是导致牛奶变质腐败或酸度增高的根本原因。因此，防止鲜奶污染，有效控制乳中细菌繁殖就成为保证或提高牛乳卫生质量指标的关键。

一、牛奶的净化

为了降低含有大量细菌的土壤、粪便和被毛对挤出鲜牛奶的污染，当今奶牛场均实行初级处理，它包括两个程序，即在挤奶作业的同时进行牛奶的净化和冷却。为此，需要在挤奶装置上配备有滤过器和冷却器以及清洗器等设备。过滤牛奶使用的各种纯净的滤过材料包括非织造的人工合成的麻布、人工合成纤维制成的织物、纱布、细布。挤出的鲜牛奶通过滤器过滤后，其所含有的各种微生物中的大部分可被扣留，一般来说沉淀越多，污染越重。由于沉淀会污染下一批牛奶的净化，所以滤器必须用流水涤净。鉴于只通过一层滤器往往不能保证所要求的净化，因此，现今许多奶牛场均是使用两段式净化，开始阶段是挤奶装置的过滤，然后是经装奶容器上的普通滤器过滤。对装奶桶上使用的滤过材料一定要特别注意洗涤干净。如果使用离心牛奶净化器，用完后必须清洗掉沉淀物，还要用有效的氯制剂消毒。

二、牛奶的冷却

牛奶营养丰富，且刚挤出的牛奶温度适宜细菌繁殖，是细菌的天然培养基。因此，容易因细菌繁殖而导致牛奶酸败变质。只有将刚挤出的牛奶快速降温（要求挤出 2h 内降至 4℃），细菌活性受到抑制，才能较长时间地保存原料奶。通常，原料奶在奶站低温保存的时间不宜超过 48h。

牛奶冷却是对降低细菌在鲜牛奶中栖居的第二阶段方法，特别是在炎热天气尤其重要。冷却程序中最简单的做法是将装奶桶放到流动的冷水池（槽）中，但是这种方法费力、较贵，还需要定时混动牛奶，这样也会使附着细菌接触牛奶。大型奶牛场是借助平板式冷却器，而现代化奶牛场冷却标准温度是 4℃。牛奶保存期间也要将牛奶温度保持在 4~6℃。

三、牛奶的贮存与运输

牛奶贮藏、运输中的注意事项如下：

生鲜牛奶的盛装应采用表面光滑、无毒的铝桶、搪瓷桶、塑料桶、不锈钢槽车。镀锌桶和挂锡桶应尽量少用。通常情况下奶桶可分为 50kg 和 25kg 两种。收购点对验收合格的牛奶应迅速冷却到 2~10℃以下。工厂收奶后应当用净乳机净乳，而后通过冷却器迅速将牛奶冷却到 4~6℃，输入贮乳的罐贮藏。贮藏过程中应定期开动搅拌器搅拌，以防止脂肪上浮。

生鲜牛奶运输可采用汽车、乳槽车等运输工具。运输过程中，应注意冬季和夏季质量均应保温运输，并有遮盖，防止外界温度影响牛奶质量。

奶车运输的全过程，车辆的卫生要求主要包括以下几个方面：奶车司机出车前做好奶车的各项检查，确认奶车已清洗完毕，奶罐内没残留积水，关闭车尾部闸阀，盖好收奶管口，并做好奶车的安全检查。奶车返回后通知收奶员过磅（包含磅车皮重），过磅时司机需落车离开地磅范围，双方签名确认数量，并确认奶车到厂时间。奶车返回途中或到达后都必须对车辆进行消毒（长途车途中消毒一次，回到公司再消毒一次）。奶车司机回到公司后与收奶员交接消毒单（原件），消毒单上内容应填写详细、清楚。要做好车辆的清洁卫生工作，确保无异味。

运奶途中，司机不准在途中停留或离开车辆。运奶车辆在运奶过程中必须要对奶罐盖和车后门上锁。返回公司后，奶罐盖锁由质检员检查并打开进行取样，车后门锁由收奶员检查并打开，等待化验结果合格后进行抽奶。车辆到达收奶厅后，司机和牛场保管员共同检查车辆，确认奶罐无残留水，关闭车尾闸阀，盖好收奶口。进入牛场要按牛场要求配合做好人、车消毒，洗手、更衣等。奶厅工作人员如发现奶缸异常，如有异味、异物等，不能抽奶进奶车罐。牛场抽奶前，司机须确认牛奶温度是否符合标准，如有异常要报告质保部确认可否抽奶。抽奶完毕后，奶厅保管员对奶罐盖和后门进行上锁。奶厅保管员和司机双方对皮重、毛重进行过磅，并签名确认数量，同时确认奶车离开牛场时间。

第五节　掺假牛奶的鉴别

一、掺水的鉴别

生活中可将牛奶慢慢地倒入碗里，看其流注的过程，掺水的牛奶有稀薄感，在碗的边缘牛奶流过部分有水样的痕迹，同时牛奶颜色不如正常的白；煮时沸腾的时间较长；煮沸时香味也较淡。试验条件下，可使用比重法进行鉴别，方法为：沿量筒内壁倒入混匀的常温牛奶200mL，把牛奶比重计放入其中，静置2~3min后读取比重计值。正常牛奶在室温的比重值为1.028~1.033，掺水牛奶比重低于此值。也可使用乳清比重测定法，方法为：取牛奶200mL倒入烧杯内，再向烧杯中加入4mL、浓度为 20% 的醋酸，40℃ 的条件下放置，直至烧杯内出现干酪素凝固，冷却后过滤。随后将滤液倒入量筒内，轻轻放入比重计，并读取比重计的数值。正常比重值为 1.027~1.030，若比重值低于 1.027，则为掺水牛奶。

二、掺碱的鉴别

为了掩盖牛奶的酸败现象，降低牛奶酸度，防止牛奶因酸败而产生的凝结，一些商贩会向牛奶中加入碱性物质。加碱后的牛奶易于细菌的生长，不利于人体健康。肉眼观察掺碱牛奶时可观察到牛奶质地不均匀的现象。品尝时，会感觉稍有苦涩。通过试验的方法检测牛奶是否掺碱更为准确。方法为：将 5mL 牛奶倒入试管内，再加入 100mL 酒精，随后滴入溴麝香草酚蓝的试液，摇匀，观察其颜色。若发现绿色或青色，则说明牛奶中含有碳酸钠等碱性物质。其他试剂也可检测牛奶掺碱现象。例如，牛奶加碱可使玫瑰红酸指示剂变色，在碱性溶液中可观察到牛奶颜色由黄变红；或取牛奶 5mL 加入 0.05% 的玫瑰红酸乙醇溶液 5mL 震动摇匀，若出现玫瑰红色表示含有碱性物质，且红色深浅与加碱量成正比，若为橙黄色则不含碱性物质。

三、掺盐的鉴别

取 5mL 0.01mol/L 的硝酸银于试管中，加 2 滴 10% 的铬酸钾（K_2CrO_4）溶液混匀，呈红色。取样品乳 1 555mL 加入试管中，充分摇匀，如红色消失转为黄色，就说明乳中氯化物超过正常乳中氯化物，可判定乳中掺有食盐。如红色不变，说明氯的含量低于指标值为正常牛奶。

四、掺豆浆的鉴别

由于豆浆中含有皂素，可溶于热水或热酒精中，然后可与 NaOH 或 KOH 生成黄色溶液，据此可以进行检验。有时可嗅到豆浆特有的豆浆气味。操作时取被检奶样 2mL，加入乙醇乙醚（体积比 1:1）的混合液 3mL，再加入 5mL 的 25% NaOH 溶液，混合摇匀，静置 5~10min，观察颜色反应。上清液如呈黄色，则表明奶中掺有豆浆；如呈白色，则为正常。

五、掺淀粉的鉴别

淀粉物质是牛奶中常用的掺假物质。不法经营者常常在牛奶中加入淀粉物质，以提高牛奶中非脂固形物指标，增加牛奶掺水后的稠度，冒充牛奶出售，损害消费者的利益。对于掺淀粉的牛奶检测一般通过试纸法，根据淀粉遇碘形成蓝色的化合物的原理，将碘试剂加载到试纸上，把待检牛奶直接滴在试纸上，立刻出现颜色反应，淀粉含量越高颜色越深，根据颜色深浅与比色板比较，可初步定量。

六、掺尿素的鉴别

尿素与亚硝酸盐在酸性条件下发生反应生成二氧化碳气体，亚硝酸盐可与格里斯试剂发生偶氮反应生成紫红色染料，牛奶中掺尿素就会影响该反应的发生。移取 3mL 牛奶样品于试管中，加入 0.5mL 0.05% 的亚硝酸溶液，再加入 1mL 浓硫酸，将胶塞盖紧摇匀，待泡沫消散后向试管中加入 0.1g 格里斯试剂（称取 89g 酒石酸、10g 对氨基磺酸、1g α-萘胺，在研钵中研细混匀后，装入棕色瓶中备用），充分摇匀，25min 后不变色则可判定为掺尿素乳。

七、掺蔗糖的鉴别

（一）间苯二酚法

1. 原理
在酸性条件下，乳样中的蔗糖与间苯二酚作用，呈红色。

2. 试剂
浓盐酸；间苯二酚。

3. 操作方法
（1）取 30mL 乳样于 50mL 锥形瓶中，加入 2mL 浓盐酸混合，过滤。
（2）取滤液 10mL，加入 0.6g 间苯二酚，置于沸水浴中 5min，观察颜色变化，同时做空白对照试验。

4. 结果判定
如牛奶中掺蔗糖，则试管中液体呈红色。

(二) 蒽酮法

1. 试剂

称取 0.1g 蒽酮，溶于 100mL H_2SO_4（3∶1）中，临用时配制。

2. 操作方法及判定

取 1mL 乳样，加 2mL 蒽酮试剂，若牛奶中有蔗糖存在，5min 内显透明绿色。

第十章 泌乳牛疫病防治技术

本章主要介绍泌乳牛常见疾病及其卫生保健,对泌乳牛常见疾病一一列举,针对各种疾病的病因、发病症状及防治手段进行了详细阐述,为牧场管理者提供参考,以便早发现早治疗,尽可能降低损失。

第一节 泌乳牛的疾病防治

一、传染病

(一)口蹄疫

口蹄疫(FMD)是由口蹄疫病毒感染引发的急性、热性、高度接触性传染病,主要感染猪、牛、羊等主要家畜和野生偶蹄动物,易感动物多达70余种。口蹄疫在全世界范围内广泛流行。其传播速度迅猛,一般2~3d内可使整个牛群感染发病,而且偶尔可见人类感染发病,一定要加强防范。

1. 病因

口蹄疫病毒属微RNA病毒科的口疮病毒属(包括4种病毒,即牛鼻病毒A、牛鼻病毒B、马鼻病毒A和口蹄疫病毒),口蹄疫病毒为典型代表毒株,也是人类确认的第一个动物病毒病原,开创了病毒学新纪元,是研究最深入的动物病毒之一。口蹄疫病毒主要在水疱及淋巴液中存在,疾病的传染源主要就是带毒的动物,而奶牛的消化道同样是传染常见的入口,皮肤和黏膜也能够感染疾病,此外有的奶牛还能够通过呼吸道的接触而发生疾病的感染。引发口蹄疫的病毒有多种类型和亚型,各型之间的致病力不同,且相互之间无交互免疫,所以日常的防疫方法也存在差异性,导致疾病的流行形式表现不同。

2. 症状

口蹄疫患牛体温为 40～41℃，可见流涎（图 10-1，http://zgdw-bj.com/archives/126），采食能力下降，观察其舌、齿龈都有水疱及粉红色溃疡，病牛乳房及乳头部位的皮肤上有水疱，并很快破溃形成烂斑。给奶牛挤奶操作时可见其有疼痛的表现，泌乳能力降低，还会继发乳房炎。患病奶牛的蹄冠和蹄叉间有水疱存在，如果奶牛蹄部被泥土、粪便等污染，则患部会出现化脓，造成跛行。感染严重的会出现蹄匣脱落。如果奶牛感染恶性口蹄疫会导致心肌炎，死亡率高达 20%～50%。

3. 防控

牛场一旦发生口蹄疫的流行，饲养者要在第一时间将疫情报告给上级主管部门，并按照要求严格划定并且封锁疫区。牛场内出现的病牛以及与病牛接触过的奶牛全部要进行扑杀、深埋或焚烧等无害化处理。如果牛场内贮存的饲料受到污染应该及时废弃处理掉，奶牛的活动场地和使用的用具、车辆和圈舍等都要采取彻底的消毒处理，通常使用 2% 的火碱水作为消毒剂。应严格禁止疫区内外的人畜流动，对发病现场的工作人员应采用 0.1% 的过氧乙酸对手部进行消毒。发病饲养场周围未感染的牛群也应尽快进行疫苗免疫，一般按照每半年接种 1 次的频率，连续免疫 3～5 年。

图 10-1　口蹄疫造成泌乳牛流涎

（二）炭疽病

炭疽病的病原是炭疽杆菌，该病是家畜、野生动物和人都易感的急性、热性、败血性人畜共患传染病。该病通常呈散发或者地方性流行，一年四季均可发病，很多动物都容易被感染，草食动物尤其严重，以牛、羊为主。炭疽在我国被相关部门列为二类疫病。

1. 病因

炭疽（图 10 - 2，https://www.tianqing123.cn/jinri/13055.html）是由炭疽杆菌引起的一种急性败血性和死亡率极高的急性传染病，该菌是需氧芽孢杆菌，是一种不运动的革兰氏阳性大杆菌，通常长为 3~8 μm，宽为 1~1.5 μm，是体型最大的致病菌。短链的炭疽杆菌通常以一个或者几对形式出现在动物或者人体的血液中，长链的炭疽杆菌形状如竹节，不易生荚膜。炭疽杆菌的菌体抵抗能力一般，将其放入普通培养皿中煮沸 2~5min 即可死亡，夏季通常 24~96h 内死亡。炭疽杆菌的芽孢抵抗力很强，在太阳光直射条件下依旧可以存活 4d 左右，在干燥环境中甚至可以保存 10 年，在土地中可以存活 30 年。

2. 症状

（1）最急性型，主要特征是潜伏期非常短，一般感染后经过几分钟到几个小时就会表现出症状，往往会在放牧过程中突然昏厥、呼吸困难，并会伴有天然孔出血和黏膜呈紫青色等症状，接着快速倒地死亡。

（2）急性型，病牛体温明显升高，超过 41℃，初期呼吸急促，心率加快，食欲废绝，反应迟钝或者没有任何反应；症状严重时会发生瘤胃膨胀；如果在颈、胸和腰部感染病菌，会促使机体过度兴奋，走路不稳、摇摆。病程通常持续 1~2d。

（3）亚急性型，病牛表现在皮肤、口腔或直肠等部位发生局部炎性水肿，开始时存在一定的硬热痛感，后期会变冷，没有痛感，且往往会出现炭疽痈，病程能够持续数天，甚至超过 1 周。

3. 防治

（1）免疫预防。预防奶牛炭疽病的主要措施是给牛群定期进行免疫注射，可每年定期接种无毒炭疽芽孢苗，大于 1 岁的奶牛每头接种 1mL，小于 1 岁的奶牛每头接种 0.5mL，或者使用Ⅱ号炭疽芽孢苗，且任何年龄都接种1mL。

（2）应急处理。对于发现病死牛的地区要立即划定疫点，一般从该处边缘向外扩展3 000m的范围内都为疫区，而从疫区向外扩展5 000m范围内都为受威胁区。病死牛及其污染的垫料、饲料等都必须进行无害化处理。病死牛污染的牛舍要使用5%福尔马林进行3次喷洒消毒，也可使用20%漂白粉液进行喷雾消毒，一般每平方米使用200mL，作用2h。

（3）药物治疗。发病早期，成年病牛可腹腔、皮下或者静脉注射100~300mL抗炭疽血清，治疗效果良好；如果注射后体温依旧没有降低，可经过12~24h再注射1次。磺胺嘧啶是磺胺类药物中治疗炭疽病效果最好的药物，病牛可静脉注射80~100mL 20%的磺胺嘧啶钠，每天2次，且体温降低后要继续注射1~2d。

图10-2　炭疽病患牛

（三）结核病

奶牛结核病是由牛型结核分枝杆菌引起的人畜共患的一种高致病性传染性疾病，其流行情况呈逐年上升趋势，该病可导致患病奶牛出现肺结核、肠结核和淋巴结核等多种疾病，相关临床症状与发病部位有关，对人畜健康威胁巨大，严重影响着奶牛养殖业的发展，威胁着消费者的身心健康。世界动物卫生组织（OIE）将其列为必须报告的动物疫病，我国将其列为二类动物疫病。

1. 病因

结核分枝杆菌可感染多种哺乳动物，如绵羊、猪、猫、奶牛和犬等，其中以奶牛最易感染，称奶牛结核病。病牛粪尿、鼻腔与生殖腔分泌物、乳汁中均存在病菌，为主要传染源，健康牛群因接触带有病菌的饲料、水源、空气等而被感染，犊牛因吮食带病菌乳汁而受到感染。除此以外，此病的发生没有明显的区域性和季节性，呈散发，多发于饲养管理水平低、空气潮湿、通风性较差的奶牛场。

2. 症状

奶牛患病之后主要的临床症状表现为多种脏器和器官形成结核节或者干奶酪状的坏死病灶，肺结核、乳房结核和肠结核最为常见。结核分枝杆菌随鼻汁、痰液、粪便和乳汁等排出体外，健康牛可通过被污染的空气、饲料、饮水等经呼吸道、消化道进行传播，也可经胎盘传播或交配感染。潜伏期一般为 10~45d，有的可长达数月或数年，通常呈慢性经过。

（1）肺结核病。病牛感染初期出现干咳、乏力，难以觉察，但出现渐进性消瘦；随着病情加重，病牛体温升高、咳嗽加重、呼吸急促，呼出气体难闻，具有腐臭味。

（2）乳房结核病。乳房淋巴结肿大，两侧乳房大小不一致，表面凹凸不平，病牛日产奶量减少，且品质差。

（3）肠道结核病。病牛食欲减退，采食量下降，部分奶牛会出现腹泻或便秘等临床表现。

（4）淋巴结核病。主要表现为淋巴结肿大，且因淋巴结肿大而压迫周围组织，引起相应的疾病。

3. 防治

（1）疾病监测，坚持净化。养殖户必须向当地防疫部门认真登记奶牛真实数量，对奶牛进行逐一户口登记；每年需定时对奶牛进行结核病流行情况检测，尤其是结核病暴发频繁时期，更需要加大对奶牛结核病的检测频率，对阳性奶牛进行上报、扑杀和无害化处理，对疑似阳性奶牛进行再次检测，若为阴性则进行短时间隔离饲养，无明显临床症状则与其他健康奶牛群混养，若为阳性，则上报、扑杀及无害化处理。

（2）提高疫病防治意识。当地防疫部门和养殖户必须提高奶牛结核病防治意识。提高奶牛饲养管理水平，定期对栏舍及用具进行消毒；若购入新奶牛，先进行隔离饲养，进行疫病检测，发现无问题再与奶牛群混养；对阳性牛群进行扑杀，以期该病能在奶牛场得到净化。

（四）牛布氏杆菌病

布氏杆菌病，临床上简称为布病，是由布鲁氏杆菌引起的一种分布广泛、传染性强、危害严重的人畜共患传染病。人类发生感染后，长期不愈、反复发作，影响人类生活质量。奶牛发生感染后，主要侵害其生殖系统，以母牛发生流产、不孕，公牛发生睾丸炎、附睾炎、前列腺炎、精囊炎和不育为特征，流产是该病的一个典型临床表现。本病广泛分布在世界各地，引起不同程度的流行，对奶牛养殖业和公共卫生安全影响巨大。

1. 病因

奶牛布鲁氏杆菌病的病原为布鲁氏杆菌属的牛种布鲁氏杆菌。牛种布鲁氏杆菌也称流产布鲁氏杆菌，牛为其主要宿主。本病传染性极强，不同种别的布鲁氏杆菌既可以感染其主要宿主，又可以相互转移。布鲁氏杆菌为革兰氏阴性细菌，外形短小，形态呈球状、卵圆形或球杆状，传代培养后渐呈短小杆状。无鞭毛、不形成芽孢，不具有运动性，寄生于细胞内，毒力菌株可有薄的荚膜。目前布氏杆菌主要分为6个种，20个生物型，可感染多种动物。羊、牛、猪及犬型布氏杆菌可引起人类感染发病。布氏杆菌在自然环境中稳定性较强，对湿热抵抗力较弱，对消毒剂敏感，2%石炭酸、2%福尔马林、烧碱溶液等常用消毒剂对其都有较好的灭菌效果。

2. 症状

布氏杆菌病的潜伏期最短为两周，最长可达半年。怀孕母牛流产是本病的主要表现（图10-3，http://www.8658.cn/nccy/443314.shtml），也是诊断本病的先决条件之一。母牛感染发病主要以妊娠期流产为典型症状，大部分流产发生在妊娠6~8个月，也可以发生在妊娠的任何时期。孕牛流产前，精神沉郁，食欲减少，起卧不安；阴唇肿胀，阴道内流出灰褐色或黄红色的黏液；个别病牛乳房肿胀。流产时胎衣经常滞留，产死胎、弱胎公牛感染发病主要以睾丸炎及附睾炎为特征，公牛睾丸肿胀，有热痛感，膝关节和腕关节等处发生关节炎、滑液囊炎以及腱鞘炎，严重跛行，行走困难。

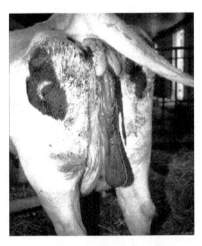

图 10-3　布病引起孕牛流产

3. 防治

（1）增强引导宣传力度，树立科学防范意识。通过印发宣传手册，召开专题技术研讨会，举办技术培训班等形式普及布病的防治知识，提高从业人员对该病的认识程度。推广"以预防为主，治疗为辅"的综合防治方法，建立有效的反应机制，自觉加强防护意识和落实防疫措施。

（2）提高科学饲养水平，增强奶牛的抗病能力。坚持自繁自养原则，坚决做到不在疫区或发病牛群进行引种。必须引种时，应将新购牛隔离饲养观察 45 d，全群布氏杆菌病检疫检查结果为阴性者，才可以进行混群饲养。定期进行检疫，及时发现阳性感染牛，进行隔离饲养，对失去饲养价值的牛，要及时做淘汰处理。检疫阳性牛所产犊牛要隔离饲养，饲喂健康牛奶或巴氏灭菌乳，在第 5、第 9 月龄时各进行 1 次检疫，结果全部阴性者为健康犊牛。定期对牛舍、运动场、饲槽、各种器具进行彻底消毒，对流产的胎儿、胎衣以及分泌物进行无害化处理，以切断传播途径。进行免疫接种、采血等操作时，要做到一畜一针，避免交叉感染。科学配比日粮，给牛提供营养均衡的营养补给，提高奶牛生产和抗病能力水平。

（3）免疫接种对预防该病发生有一定的作用。目前，用于预防奶牛布氏杆菌病主要以弱毒活疫苗为主。健康牛接种疫苗后可产生体液免疫和细胞免疫两种免疫方式，体液免疫产生的高滴度血清抗体可将病原中和，降低其对组织器官的侵害程度；细胞免疫机制最终将受侵染的细胞裂解，病原释放入血液，再被血清抗体中和，被彻底清除。

二、寄生虫病

（一）奶牛球虫病

奶牛球虫病是孢子虫纲艾美尔科艾美尔属的多种球虫引起的，多以犊牛严重急性肠炎、血痢等为特征的寄生虫病，病原为艾美耳属的几种球虫，其中临床常见的有牛艾美尔球虫、邱氏艾美尔球虫。球虫病的发病率并不高，但是奶牛一旦感染了球虫，就会降低饲料的转化率，产奶量就会大大降低，严重影响奶牛的经济效益。

1. 病因

奶牛球虫有邱氏艾美耳球虫、斯氏艾美耳球虫、拨克朗艾美耳球虫、奥氏艾美耳球虫、椭圆艾美尔球虫、柱状艾美耳球虫、加拿大艾美耳球虫、奥博艾美耳球虫、阿拉巴艾美耳球虫、亚球形艾美耳球虫、巴西艾美耳球虫、艾地艾美耳球虫、俄明艾美耳球虫、皮利他艾美耳球虫等，其中致病力最强的为邱氏、奥博及牛艾美耳球虫，且以邱氏和牛艾美耳球虫最为常见。邱氏艾美耳球虫寄生于整个大肠和小肠，可引起血痢；卵囊为亚球形或卵圆形，光滑，大小为 $18\mu m \times 15\mu m$。牛艾美耳球虫致病力较强，寄生于小肠和大肠；卵囊卵圆形，光滑，大小为（27~29）$\mu m \times$（20~21）μm。奥博艾美耳球虫致病力中等，寄生的部位是小肠中部和后 1/3 处；卵囊细长，呈卵圆形，通常光滑，大小为（36~41）$\mu m \times$（22~26）μm。牛艾美耳球虫的生活史分为 3 个阶段，即繁殖生殖、配子生殖和孢子生殖阶段。

2. 症状

此病潜伏期为 15~23d，最长可达 1 个多月。急性型病期一般为 10~15d，特殊情况下有在发病后 1~2d 内引起犊牛死亡的。患病初期奶牛精神萎靡、被毛粗乱、消瘦，体温略高或正常，下痢，产奶量减少。约一周后，体温可达 40~41.5℃，食欲逐步减退甚至废绝，排带血粪便。后期的粪便为黑色，或全部便血，甚至肛门哆开，排粪失禁，体温降为 35~36℃，病牛严重贫血、衰弱。慢性型的病牛通常在发病后 3~6d 逐步好转，但下痢和贫血症状仍然存在，数月后因极度消瘦、贫血而死亡。

3. 防治

（1）消除传染源。本病主要是由于接触感染发病的奶牛进行传播，如何控制或消除传染源是预防本病的关键。粪便无害化处理的方式很多，如堆积发酵方法、发酵塔发酵方法等，不论哪种方法，一定要将粪便中的虫卵杀死，以防污染环境、饲料、饮水等，以免引起奶牛发病。

（2）消毒。做好消毒工作也是十分重要的，要定期或不定期对牛舍及其周围环境进行消毒，如用酚类消毒药按一定的比例进行消毒，一般为消毒 1 次/1~2 周，发病期 1 次/d。

（3）预防性用药。建议奶牛养殖者，每年 3—4 月用抗球虫药进行预防性地驱虫，可以收到良好的效果。加强饲养管理，做好通风换气，饲料和饮水要保持清洁卫生，饲料营养要全面，特别是要满足蛋白质和维生素的需要。粪便、污物要及时清除，防止粪便、污物对饲料、饮水、场地环境的污染。

（二）奶牛疥螨病

奶牛疥螨病又叫疥癣、疥疮等，是由疥螨寄生在其表皮而引起的一种接触性、传染性皮肤寄生虫病。一旦感染，传播快，发病率高，往往蔓延全群。尤其是可使犊牛、青年牛生长发育受阻，泌乳牛产奶量下降，因此危害十分严重。

1. 病因

牛疥螨病的病原为牛疥螨，形体小，呈浅黄色龟形，肉眼不易见。其背面隆起，有细横纹、锥突、圆锥形鳞片和刚毛。腹面扁平，有 4 对粗短的足。虫体前端有一假头（咀嚼式口器）。雌螨较大，为（0.25~0.51）mm×（0.24~0.39）mm；雄螨较小为（0.19~0.25）mm×（0.14~0.29）mm。雌螨的第一、第二对足，雄螨的第一、第二、第四对足的附节末端，均长有一带长柄的膜质钟形吸盘。

2. 症状

奶牛疥螨多发生在皮肤柔软且毛短的部位，如头部、颈部、背部和尾根部，出现不规则丘疹样病变。初发时，病牛皮肤发痒，尤其在阴雨天、夜间、圈舍通风不良以及随着病情的加重，痒觉加剧，病牛不断在圈墙、栏柱等处摩擦或啃咬患部，造成局部脱毛。局部观察皮肤上出现小结节，继而形成小水疱，皮肤损伤、破裂，流出淋巴液，形成痂皮。痂皮脱落后遗留下无毛的皮肤。皮肤变厚，出现皱褶、龟裂，病变向四周延伸。因啃咬和摩擦患部，病牛烦躁不安，影响其正常的采食和休息，导致牛只食欲减退、日渐消瘦、衰弱、生长停滞，有时可导致死亡。

3. 防治

用1%敌百虫和酒精溶液擦洗患处，1周1次，连用2~3次。用伊维菌素注射液皮下注射，用量为0.2mg/kg，1周1次，连用2~3次。中药：花椒50g，雄黄40g，冰片30g，苦参50g，白矾40g。用法：将上述药物用水煮沸20~30min，用纱布过滤，去渣备用。先用刀片刮取患部结痂，再用药液擦洗患部，每天1~2次，连用7~10d。

（三）奶牛皮蝇蛆病

奶牛皮蝇蛆病也叫作奶牛跳虫病或者奶牛翁眼病，是一种慢性寄生虫病，是由于脊背部皮下组织内寄生有纹皮蝇和牛皮蝇的幼虫而导致。该病会导致病牛体质消瘦，幼牛生长发育缓慢，母牛产乳量降低，损害牛皮质量。

1. 病因

蚊皮蝇和牛皮蝇的成虫形态类似，外观如同蜜蜂，全身都被绒毛覆盖，头部生有不大的复眼和三个单眼，还生有不存在分支的触角，且口器不发达，无法叮咬和采食。牛皮蝇，成虫长度在15mm左右，头部覆盖浅黄色绒毛，胸部两端覆盖淡黄色绒毛，中间覆盖黑色绒毛，腹部从前向后依次覆盖白色、黑色和橙黄色绒毛，翅覆盖淡灰色绒毛。雌蝇产出的虫卵附着在腹部、四肢上部以及乳房等处的被毛上。虫卵为长圆形，呈淡黄色，表面具有光泽，大小在（0.78~0.8）mm×（0.22~0.29）mm。第一、第二期幼虫呈半透明的黄白色，第三期幼虫呈棕褐色，体型比较粗大，体表存在大量小刺和结节，且明显分节，长度能够达到28mm。

纹皮蝇，成虫长度在 13mm 左右，胸部覆盖淡黄色的绒毛，胸背部存在一条黑色的纵纹，腹部从前向后依次覆盖灰白、黑色和橙黄色绒毛，翅覆盖褐色绒毛。雌蝇产出的虫卵通常附着在后腿球节处，且一根被毛上能够附着多个虫卵。虫卵以及第一、第二期幼虫与牛皮蝇类似，第三期幼虫长度能够达到 26mm，体表分节，并存在小刺。

2. 症状

当奶牛发生皮蝇蛆病时，在临床上主要表现出精神萎靡，食欲不振，体质明显消瘦，用手在其背部进行触摸，会摸到皮下存在类似拇指大小的隆起，且隆起处的皮肤上面存在接近火柴头大小的小孔，并有淡黄色的脓液从孔内流出，待脓液变干后就会与小孔周围的毛相互胶结在一起，导致体表被毛明显粗乱。感染严重时，病牛精神萎靡，体质会急剧消瘦、衰竭，或者引起继发感染以及脓毒血症，直接或者间接使其死亡。

3. 防治

（1）灭蝇。在成蝇频繁活动的季节，也就是每年的 6—9 月，要定期对运动场牛舍使用灭蝇剂喷雾来驱杀成蝇。另外，可在奶牛体表喷洒适量的 1%~2% 敌百虫，每间隔 10d 使用 1 次；或者按体重使用 1 000~1 500mg/kg 拟除虫菊脂进行喷洒，每 30d 使用 1 次，能够将产卵的雌蝇或者由虫卵孵化出的幼虫杀死。

（2）杀灭体内幼虫。在防治该病方面，消灭体内寄生的幼虫，特别是 1~2 期幼虫，非常重要。因此，必须对皮蝇生物学特性有所了解和掌握，如明确成蝇的活动及产卵季节，以及各期幼虫的寄生时间和寄生部位等，并在此前提下采取有计划地大面积防治，确保驱虫效果较好。另外，也可使用药物进行预防，每年的 5—7 月，可向牛只体表喷洒适量的 1% 敌百虫溶液，每间隔 15d 1 次，抑制皮蝇产卵。在每年 9 月中旬、10月上旬，也可取 2kg 当归，浸泡在 4 000mL 食醋中，经过 48h，将浸液分别涂擦在机体的背部两侧，成年牛每次大约使用 150mL 浸液，犊牛大约使用 80mL 浸液，以使被毛和皮肤被浸湿为宜。在每年蚊蝇活动季节结束后，即 11 月，可给奶牛按体重皮下注射 0.2mg/kg 阿维菌素或者伊维菌素类药物，或者按体重肌肉注射 6~7mg/kg 倍硫磷，能够将体内幼虫杀死。如果发现奶牛背部皮肤存在隆起，但还没有形成穿孔，即幼虫寄生在皮下，可在背部喷洒适量的 0.25% 倍硫磷溶液或者 0.05% 蝇毒磷溶液，能够将皮下幼虫杀死。

三、产科疾病

（一）乳房炎

乳房炎（图 10-4，https://www.sohu.com/a/167788860_682258）是指乳腺叶间结缔组织或乳腺体发炎，是泌乳母牛常发病之一。发病率达 20%~60%，不仅影响产奶量，造成经济损失，而且影响牛奶的品质。

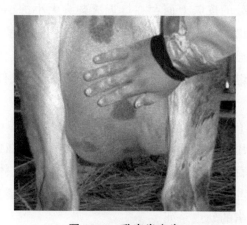

图 10-4 乳房炎患牛

1. 病因

（1）病原。引起乳房炎的病原有细菌、真菌、病毒等，主要的病原是链球菌、金黄色葡萄球菌、大肠杆菌等。其中，引起奶牛乳房炎的最主要的病原菌是无乳链球菌和金黄色葡萄球菌。

（2）牛舍卫生条件不良。环境中的病原微生物可由乳头进入乳管中，并上行到乳腺组织引起发炎。

（3）挤奶技术不当。挤奶操作不当，造成乳头管损伤，挤奶不净或偶尔挤奶间隔太长，使乳汁滞留于乳房内，病原体易进入乳头管发生乳房炎。

（4）乳房受损。乳房受到打击、冲撞、挤压、摩擦、冻伤等因素的作用或幼畜咬伤乳头等使乳房损伤，被病原体感染而引起。

（5）疾病因素。奶牛发生胎衣不下、子宫炎、瘤胃酸中毒等疾病可能会继发乳房炎，饲料和饮水的质量过差，含有毒素也是诱发奶牛乳房炎的原因之一。

2. 症状

（1）隐性乳房炎。奶牛发生隐性乳房炎时通常没有明显的临床症状，难以被发现，此种发病只能通过实验室诊断进行确诊，乳汁中可检测到致病菌。

（2）非临床型乳房炎。非临床型乳房炎的患病奶牛没有典型的临床症状，乳汁无肉眼可见的变化，导致产奶量有一定程度的减少，实验室诊断可见乳汁中的体细胞数量增加。

（3）亚临床型乳房炎。亚临床型乳房炎的发病奶牛乳房有炎症，但临床症状不显著，实验室诊断可见乳汁中有致病菌，白细胞数量增加，乳汁中有絮状物，此种类型的发病率要高于显性乳房炎。

（4）临床型乳房炎。临床型乳房炎患病奶牛的乳汁和乳房部位均可发现明显的异常，患病奶牛乳房肿胀、乳房部位皮肤发红，按压质地较硬，有疼痛感，泌乳量明显降低，乳汁稀薄，颜色呈灰白色，乳汁中含有絮状物。病情较为严重的乳房坚硬，乳房部位皮肤皲裂，疼痛，停止泌乳，食欲减退甚至废绝，体温升高，乳汁严重变质，颜色呈黄白色，有黏稠的乳凝块。

3. 防治

（1）全身性疗法。抗生素类药物能用于治疗奶牛乳房炎，注射方式可以采取肌肉注射或静脉注射，在治疗过程中，使用青霉素与链霉素联合用药的方式治疗效果较好，也可以使用四环素进行治疗。青霉素的使用量通常为200万~250万单位，四环素的使用量为250万单位，每天注射2次。对于病情较轻的患病牛在首次用药时需要适当减少药物剂量，对于重症患病牛可以使用2~3倍的剂量进行治疗。在患病奶牛出现严重的全身性症状时，需给患病牛补充体液，同时使用强心剂和安那咖控制病情。对于非怀孕期的患病母牛使用阿莫仙、克米先、强安林等进行输液治疗，可以同时配合使用圆环瘟毒康。对于全身感染的怀孕母牛可以使用强安林进行治疗。

（2）局部治疗。急性乳房炎的患病奶牛，将青霉素50万单位、链霉素0.5g与50mL蒸馏水混合，再添加10mL 0.25%普鲁卡因溶液，经乳导管注射进入奶牛乳房中，每天2次。也可以在挤奶后使用氨苄西林氯唑西林钠混悬剂进行注射，每天1次，连续治疗2~3d，能取得良好的治疗效果。或者注射乳房炎复合混悬剂，每间隔24h注射1次，注射2~3次。也可以采取封闭疗法治疗，在奶牛基底部注射0.25%~5%普鲁卡因150~300mL。在进行局部治疗前应先排空乳房，再给药。

（3）中药治疗。使用中药疗法也能很好地控制奶牛乳房炎病情，参照以下方剂，金蒲汤：金银花80g，蒲公英90g，连翘30g，紫花地丁80g，陈皮40g，青皮40g，生甘草30g，水煎后去除药渣内服。病情严重的患病奶牛每天服用2剂。或者是取二花、连翘、柴胡各60g，花粉、当归、牛蒡子、浙贝母、黄芩、黄檗、栀子各40g，青皮、陈皮、赤芍、白芷、通草、蒲公英、紫花地丁各30g，甘草20g，研磨成粉末后加开水冲调，晾温后服用，每天1次。以上两种中药配方都能较好地治疗奶牛乳房炎，需要注意的是，在用药治疗前应排空奶牛乳房中的乳汁，有助于药物的吸收利用。

（二）子宫内膜炎

奶牛子宫内膜炎，在奶牛养殖生产期间属常见多发病之一。此病发病率高达40%左右，导致奶牛不孕的概率在70%左右。近年来，奶牛养殖规模的持续扩大，加上人工授精技术的普遍应用，子宫内膜炎的发病率持续升高，给奶牛养殖产业造成极大的经济损失。

1. 病因

主要由致病性病原微生物感染引起，此类细菌通过奶牛阴道进入子宫中，如若奶牛机体防御能力较弱，且微生物带有致病性，具备引发子宫内膜炎的条件；在奶牛分娩时，由于产道受损，为病原体侵入提供契机，在侵入后快速繁殖引发感染；奶牛子宫口平时收缩较紧，在发情时只开放一个较细而弯曲的管，子宫颈成为抵御细菌的天然屏障，但在人工授精时，由于子宫颈打开，如若消毒不到位或操作不当很可能使病原体侵入，造成子宫感染；如若饲养管理不科学，营养失调也会导致此类疾病发生。据调查，如若饲料中的微量元素锰、钴以及 V_A、V_B、V_E 等缺失，很容易导致奶牛出现胎衣不下、产后并发症、子宫内膜炎等情况发生。

2. 症状

根据子宫内膜炎的炎症性质和病程，其临床症状轻重不同。如患脓性卡他性子宫内膜炎时，母牛体温略升高，食欲、精神不振，奶量下降，有的病牛拱腰、举尾，不断努责，随之由外阴排出脓性黏液，具有腐臭味。直肠检查时，两侧子宫角大小不同，有波动感，有时有痛感。如呈急性纤维蛋白性的或坏死性子宫内膜炎症时，母牛具有严重的全身症状，发高烧，呼吸浅表，脉搏加速，精神沉郁，从阴门排出污红色恶臭的黏液，内含腐败分解的组织碎片。直肠检查子宫壁增厚而发硬，有痛感。

子宫内膜炎呈慢性发展时，一般没有全身的明显症状，只见奶量减少，病牛表现营养不良，体重下降和毛发无光。主要症状：母牛从阴户不断流出稀薄的浅白色黏液，尾部可见到脓汁污迹，当牛躺下时，地面上有脓样物，母牛发情不规则，或不发情；直肠检查可触知子宫膨大并有波动感，易与孕角混淆，但没有胎膜滑落感和胚胎、子叶以及子宫中动脉颤动感。

3. 防治

（1）子宫冲洗治疗。对于急性和慢性内膜炎来说，采用冲洗子宫的方式进行治疗，效果较为显著，具体方式为：利用抗生素药剂每天定时冲洗子宫，对于急性内膜炎每日冲洗 1 次，对于慢性内膜炎每隔一日冲洗 1 次，使炎症得以消除，直至冲洗液体变得清澈透亮为止，通过此种方式使子宫得以净化。

（2）药物灌注治疗。在对子宫进行冲洗的基础上使用抗生素对子宫进行灌注，以此实现保护性治疗，具有消毒、抗炎、抗感染等疗效，较为常用的抗生素有四环素、青霉素、红霉素、土霉素，也可采用两两配合的方式，将青霉素和土霉素结合、红霉素与土霉素结合等方式，以此来提高药效。

（3）综合性治疗。当奶牛内膜炎患病程度较严重时（如子宫内部出现大量脓性分泌物）可采取综合性治疗方式。为了避免奶牛酸中毒，可适当加大抗生素的使用剂量，与此同时，静脉注射浓度为 5%～10% 的葡萄糖补液，对奶牛体内的酸碱度进行中和，在肌肉注射时也可加入复合 V_B 和钙，口服 V_C；还可采用中药治疗，利用当归、金银花、连翘、益母草等活血祛瘀的药物进行辅助治疗。另外，当奶牛出现产后感染情况时也可采用综合性治疗方法。

第二节　泌乳牛的卫生保健

一、奶牛场卫生防疫措施

（一）隔离

隔离主要包括环境、人员、动物、工具等隔离。主要是指牛场离居民点应有 500m 以上的距离，牛场应建有围墙。办公区和生产区分开，牛舍建造应将蓄污池、出牛台安排在下风向，场内净污道分开。牛场应建围墙或防疫沟，将生产区和生活区严格分开。生产区门口设消毒室和消毒池，消毒室内应装紫外线灯、洗手用消毒池（或消毒器），消毒池内放置 2.0%~3.0% 氢氧化钠或 0.2%~0.5% 过氧乙酸等溶液，药液定期更换以保持有效浓度，并设醒目的防疫须知标志。牛场要建立独立的隔离区，用于对本场患病动物和引进动物的隔离。引种牛要先监测、检疫，无病方可引入，进场时全面消毒，隔离饲养一个月，消毒后方可混群。

外来人员不能随意入内，场内工作人员不得窜圈舍，进入牛舍要消毒和换衣换鞋，兽医查栏要先查小牛栏，再查大牛栏，最后查种牛栏。非本场车辆人员不能随意进入牛场内，进入生产区的人员需更换工作服、胶鞋，禁止随意携带动物、畜产品、自行车等进入牛场。牛场工作人员上班应穿清洁工作服、戴工作帽并及时修剪指甲；每年至少进行 1 次身体健康检查，凡检出结核、布氏杆菌病者，应及时调离牛场。

（二）清洁消毒

建立紫外线消毒室、场门口、舍门口大小消毒池，污物处理池，备有高压消毒机等消毒器械，备有三种以上可供交替使用的高效消毒药品。规模饲养场必须建立并实施消毒制度，包括牛舍每周 1 次，环境每两周 1 次，走道每天 1 次消毒；发病时每天全场消毒 1~2 次，每 1~2d 更换消毒药。预防性消毒时，圈舍及周围环境应先打扫干净后再消毒，有疫情时，清扫出的粪便和污物直接堆积发酵或倒入沼气池，然后全面消毒，维持 2h 再用水冲洗，反复消毒数日。每年春、秋对全场的食槽、牛床、运动场等进行大消毒。消毒时要用对特定疫病高效的消毒药，带牛消毒时还应选用对畜体无害的药，消毒药要交替使用。消毒浓度要达到要求，消毒药液用量要足，被消毒物表面达到全部湿润，滴水为宜。

保持牛场良好的卫生环境，运动场无石头、砖块及积水；牛床、运动场每天清扫，粪便及时清除出场，经堆积发酵后处理；尸体、胎衣应深埋。定点堆放牛粪，定期喷洒杀虫剂，防止蚊蝇滋生。污水、粪尿、死亡牛只及产品要作无害化处理，并做好器具和环境等的清洁消毒工作。

(三) 检疫免疫

根据本场的实际情况及本地疫情流行情况制定科学的免疫程序。根据疫情还应做好伪狂犬病、大肠杆菌病、细小病毒病等疫病的免疫，严格按免疫程序免疫。

每年春、秋季各进行 1 次结核病、布氏杆菌病的检疫。检出阳性或有可疑反应的奶牛第一时间按相关规定处置。检疫结束后，要及时对牛舍内外及用具等进行 1 次彻底的大消毒。每年春、秋各进行 1 次疥癣等体表寄生虫的检查；6—9 月，焦虫病流行区要定期检查，并做好灭虫工作；10 月对牛群进行 1 次肝片吸虫等的预防驱虫工作；春季对犊牛群进行球虫的普查和驱虫工作。严格控制牛只出入。对外出售的奶牛一律不再回牛场；调入牛必须有法定单位的检疫证书，进场前，应按《动物防疫法》的要求，经隔离检疫，确认后方可进场入群。

(四) 管理

加强饲养管理，搞好卫生消毒工作，增强家畜的抗病能力。建立防疫消毒治疗登记制度，并将工作责任落实到人。定期开展环境、免疫、疫情监测工作，及时报告疫情。无害处理粪便、污物、病死畜。按科学免疫程序进行免疫接种，开展杀虫、灭鼠工作。贯彻自繁自养的原则，引种时隔离观察 1 个月，减少疫病传播。当奶牛发生疑似传染病或附近牧场出现烈性传染病时，应立即按规定采取隔离封锁和其他应急防控措施。

　　严禁闲杂人员入场，物品出场要有手续，出入车辆必须检查，未经养殖场负责人批准或陪同，谢绝一切对外参观。严禁非工作人员在门房逗留、聊天，严禁其他家禽、家畜等动物进入场区。搞好门口的内外卫生及防疫消毒工作。非生产车辆严禁进入场区，如需进入的必须严格消毒。认真负责，坚守岗位，不迟到早退，接班后不擅离工作岗位，夜班要不定时察看责任区全部财产。因工作不负责任，丢失损坏财物，照价赔偿；损失重大的，解除劳动合同。职工进入生产区要穿戴工作服，经过消毒间洗手消毒后方可入场。非生产人员不得进入生产区。奶牛场员工每年必须进行一次健康检查，如患传染性疾病应及时在场外治疗，痊愈后方可上岗。奶牛场不得饲养其他畜禽，特殊情况需要养狗，应加强管理，并实施防疫和驱虫处理，禁止将畜禽及其产品带入场区。

　　严格按照兽药管理法规、规范和质量标准使用兽药，严格遵守休药期规定。禁止使用国家明文禁用的和未经国家兽医行政管理部门批准的药品、兽药和其他化学物质；禁止使用禁用于泌乳期动物的兽药种类。建立并保存奶牛的免疫程序记录及患病奶牛的治疗记录和用药记录。治疗记录应包括：患病奶牛的畜号或其他标志、发病时间及症状。用药记录应包括：药物通用名称、商品名称、生产厂家、产品批号、有效成分、含量规格、使用剂量、疗程等。

（五）紧急措施

　　疫病发生后，应立即上报有关部门，成立疫病防治领导小组，统一领导防治工作。及时隔离病畜，各牛场应根据实际条件，选择适当场地建立临时隔离站。病畜在隔离站内观察、治疗；隔离期间，站内人员、车辆不得回场。疫病牛场在封锁期间，要严格监测，发现病畜及时送转隔离站；要控制牛只流动，严禁外来车辆、人员进场；每 7d 全场用 2%氢氧化钠溶液大消毒；粪便、褥草严格消毒，并进行堆积处理；尸体深埋或无害化处理。对病牛及封锁区内的牛实行合理的综合防治措施，包括疫苗的紧急接种、抗生素疗法、高免血清的特异性疗法、化学疗法、增强体质和生理机能的辅助疗法等。在最后 1 头病畜痊愈、屠宰或死亡后，经过 2 星期后再无新病畜出现，全场经全面大消毒，请示上级有关部门批准后方可解除封锁。

二、奶牛的保健措施

奶牛的保健是奶牛养殖的重要环节，只有重视和抓好奶牛养殖过程中的卫生保健工作，奶牛的生产性能才能得到有效保障。

我国奶牛业在发展中出现的种种问题，从根本上说是由于多数牛场的从业人员缺乏卫生保健专业知识，对卫生保健重要性认识不足。因此，为了从根本上解决问题，企业应该根据自身的情况，定期请专家、教授进行卫生保健专业知识讲授，定期组织对牛场员工进行专业知识培训。从源头抓起，全面提升奶牛行业工作者卫生保健素质，只有这样才能最终摆脱我国奶牛行业中出现的种种问题，实现奶牛行业的蓝图。

保持牛体及乳房的清洁，挤奶时必须用清洁水清洗乳房，然后用干净的毛巾擦干，挤完奶后，必须用 3%~4% 次氯酸钠溶液等消毒药浸泡每个乳头数秒钟。停乳前 10d、3d 要进行隐性乳房炎的监测，反应阳性牛要及时治疗，2 次均为阴性反应的牛方可施行停乳。停乳后继续药浴乳头 1 星期，并定时观察乳房的变化。预产期前 1 星期恢复药浴，每日 2 次。每年的 1、3、6、7、8、9、11 月都要进行隐性乳房炎的监测工作。对有临床表现的乳房炎患牛采取综合性防治措施，对久治不愈的奶牛应及时淘汰，以减少传染来源。冬天给奶牛戴上棉乳罩，能够防止乳头冻伤，增加乳房血液循环和乳腺活力；夏季给奶牛戴上纱罩，抹上凡士林油，可避免蚊虫叮咬，提高产奶量。夏季还要做好防暑降温工作，奶牛耐寒而不耐热，因此需要通过各种物理降温方式，避免奶牛出现热应激。每年春、秋季各检查和整蹄一次，对患有肢蹄病的牛要及时治疗。蹄病高发季节，应每星期用 5% 硫酸铜溶液喷洒蹄部 2 次，以减少蹄病的发生，对蹄病高发牛群要关注整个牛群状况。禁用有肢蹄病遗传缺陷的公牛精液进行配种。定期检测各类饲料成分，经常检查、调整、平衡奶牛日粮的营养，特别是蹄病发生率达 15% 以上时。冬季做好防寒保暖工作，如架设防风墙、牛床与运动场内铺设褥草。

加强营养代谢疾病监控对奶牛健康以及生产十分重要。每季度随机抽取 30~50 头奶牛血样，测定血中尿素氮含量、血钙、血磷、血糖、血红蛋白等一系列生化指标，以观测牛群的代谢状况。产前 1 星期，隔 2~

3d 检测尿液 pH 值、尿酮体 1 次；产后 1d，检测尿液 pH 值或乳酮体含量，隔 2~3d 1 次，直到产后 35d。凡监测尿液 pH 值呈酸性、酮体阳性反应者，立即采取葡萄糖、碳酸氢钠及其他相应措施治疗。对高产、年老、体弱及食欲不振的牛，经临床检查未发现异常者，产前 1 星期可用糖钙法防治。25% 葡萄糖液、20% 葡萄糖酸钙液各 500mL，1 次性静脉注射，每天 1 次，连注 2~4d。高产牛在泌乳高峰时，日粮中可添加碳酸氢钠与精料混合直接饲喂。

主要参考文献

毕成文，马建忠. 2004. 牛奶掺假的快速鉴别检测方法 ［J］. 新疆畜
  牧业（4）：26.

毕秀丽. 2011. 鲜牛奶卫生质量的综合控制措施 ［J］. 现代畜牧科技
  （5）：6-6.

曹健. 2018. 奶牛常用饲料的选择和饲喂技术 ［J］. 现代畜牧科技
  （7）：60.

陈子宁，李妍，高艳霞，等. 2015. 围产前期日粮能量水平对荷斯坦
  奶牛产后生产性能和血液指标的影响 ［J］. 畜牧兽医学报，46
  （11）：2002-2009.

程会昌. 2006. 畜禽解剖生理学 ［M］. 郑州：河南科学技术出版社.

单超，张云洲. 2012. 奶牛饲养管理应注意的问题 ［J］. 现代畜牧科
  技（6）：23-23.

董常生. 2013. 家畜解剖学 ［M］. 北京：中国农业出版社.

董刚辉，张旭，王雅春，等. 2017. 三河牛成年母牛体尺体重性状遗
  传参数估计 ［J］. 畜牧兽医学报，48（10）：1843-1854.

杜超，刘深贺，程春宝，等. 2019. 奶牛妊娠诊断技术现状及未来发
  展方向 ［J］. 中国奶牛（10）：29-33.

范铁刚，杨培霖. 2018. 奶牛粗饲料的加工与应用 ［J］. 现代畜牧科
  技（5）：55.

方晓敏，许尚忠，张英汉. 2002. 我国新的牛种资源——中国西门塔
  尔牛 ［J］. 黄牛杂志（5）：67-69.

冯蕴华，焦骅. 1984. 奶牛产奶量与若干数量性状的相关 ［J］. 沈阳
  农业大学学报（2）：63-71.

刚组. 2017. 浅谈奶牛的饲养管理与疾病防治措施 ［J］. 畜牧兽医科

学（电子版）（4）：16-17.

高凤. 2017. 奶牛肠道微生物群落结构与多样性研究 [D]. 邯郸：河北工程大学.

高迎. 2011. 科学利用蛋白质饲料提高奶牛养殖效益 [J]. 现代农业（5）：190.

耿凤琴. 2003. 鲜牛奶的净化和冷却新技术 [J]. 畜牧兽医科技信息（3）：57.

古丽帕夏·吐尔逊，热依赛·阿不都外力. 2017. 西门塔尔牛生长发育规律分析 [J]. 中国乳业（9）：30-33.

韩梅英，刘国华，马秀霞，等. 2007. 奶牛养殖园区炭疽病防疫监督管理 [J]. 中国奶牛（7）：48-50.

侯安祖，杨升，韩记用. 2000. 奶牛结核病的诊断和防制 [J]. 河南畜牧兽医（6）：16-17.

胡成华，张国梁，吴健，等. 2009. 草原红牛泌乳与产肉性能选育研究 [J]. 现代农业科技（5）：210-211，213.

胡松庭. 2001. 奶牛生产实用技术 [M]. 济南：山东科学技术出版社.

黄庆余. 2018. 奶牛饲料合理的饲喂方法 [J]. 现代畜牧科技，42（6）：61.

冀芳. 2011. 巴盟地区奶牛场的 DHI 报告分析及对牧场管理的应用研究 [D]. 呼和浩特：内蒙古农业大学.

简·胡曼，米歇尔·瓦提欧. 2004. 泌乳与挤奶 [M]. 北京：中国农业大学出版社.

蒋曙光，郭俊青. 2013. 美国瑞士褐牛与新疆褐牛杂交后代生长及产奶性能分析 [J]. 中国奶牛（20）：22-24.

康一岚. 2018. 浅析奶牛布氏杆菌病的防控要点 [J]. 现代畜牧科技（7）：120.

赖景涛. 2012. 不同蛋白质水平的精料对娟姗牛产奶量的影响 [J]. 上海畜牧兽医通讯（6）：34-35.

赖景涛. 2012. 谈如何提高娟姗牛产奶量 [J]. 黑龙江畜牧兽医（14）：65-66.

李德文. 2018. 奶牛子宫内膜炎的病因、症状、诊断及治疗 [J]. 现代畜牧科技 (4): 92.

李光辉, 杨重. 1997. 爱尔夏牛的免疫缺陷状态及其后遗症 [J]. 动物医学进展 (2): 44-45.

李红波, 周振勇, 杜玮, 等. 2011. 新疆褐牛导入美国瑞士褐牛后代犊牛放牧补饲试验 [J]. 中国牛业科学, 37 (4): 6-9.

李建斌, 侯明海, 仲跻峰. 2016. DHI测定在牛群管理中的应用: 以高峰奶、持续力和脂蛋白比指标为例 [J]. 中国畜牧杂志, 52 (24): 39-43, 49.

李胜利. 2017. 黄梅县中国荷斯坦奶牛产奶量和乳成分的相关性及其影响因素研究 [D]. 武汉: 华中农业大学.

李欣. 2018. 奶牛不同时期的饲养管理 [J]. 畜牧兽医科技信息 (7): 76.

李亚妮. 2018. 影响奶牛产奶性能的因素及措施 [J]. 中国畜牧兽医文摘, 34 (3): 103.

李洋. 2017. 泌乳期奶牛阶段性饲养管理 [J]. 中国畜禽种业 (6).

李正萱. 1978. 怎样选择奶牛优良个体 [J]. 新农业 (14): 8.

廖党金. 2018. 我国奶牛和人共患寄生虫病分析与预防策略 [J]. 中国奶牛.

刘海林, 肖兵南, 李志才, 等. 2007. 不同品系荷斯坦牛抗热应激能力的研究 [J]. 中国奶牛 (6): 20-22.

刘坤. 2018. 应强化奶牛球虫病的防控 [J]. 畜牧兽医科技信息 (8): 51.

刘士学. 2019. 奶牛口蹄疫与炭疽的诊断与防疫 [J]. 畜牧兽医科技信息 (8): 66.

刘武军, 张玉欣, 许斌. 2003. 美国瑞士褐牛系谱解读初探 [J]. 新疆农业科学 (S1): 46-47.

刘晓宇. 2018. 奶牛布氏杆菌病的检疫与净化措施 [J]. 养殖与饲料 (10): 74-75.

卢德福. 2017. 奶牛皮蝇蛆病的传播途径、危害、临床表现与防治

[J]. 现代畜牧科技（6）：106.

马仲华. 2001. 家畜解剖学与组织胚胎学［M］. 第 3 版. 北京：中国农业出版社.

莫放. 2011. 反刍动物营养需要及饲料营养价值评定与应用［M］. 北京：中国农业大学出版社.

木拉提汗·马拉提别克, 吐尔逊别克·阿得力别克. 2013. 新疆褐牛［J］. 中国畜牧兽医文摘, 29（1）：79, 84.

慕书霞, 李新春, 牛朝兵. 2008. 奶牛疥螨病的防治［J］. 河南畜牧兽医（综合版）（7）：44.

尼满, 刘武军, 朱勇. 2008. 新疆褐牛的体尺、体重对产奶量的影响［J］. 中国牛业科学（4）：44-47.

农艳芳. 2010. 奶牛乳房炎的综合防治［J］. 畜牧兽医科技信息（6）：58-59.

强热吉. 2017. 泌乳期奶牛的饲养管理及注意事项［J］. 畜禽业, 28（8）：69, 71.

秦博文. 2019. 浅谈奶牛的发情鉴定与人工授精操作［J］. 农业开发与装备（5）：238-239.

秦正君, 昝林森. 2018. 影响奶牛泌乳性能的因素分析［J］. 中国牛业科学, 44（5）：16-20.

秦志锐. 2001. 中国荷斯坦牛的育种［J］. 中国乳业（10）：26-27.

邱东川. 2013. 奶牛泌乳期的饲养管理措施［J］. 畜牧兽医科技信息（8）：51-52.

任小丽, 栗敏杰, 白雪利, 等. 2019. 中国荷斯坦牛头胎产奶量和乳成分遗传参数估计［J］. 中国畜牧杂志, 55（7）：67-70.

任小丽, 张旭, 王雅春, 等. 2013. 三河牛初生体尺和初生重遗传参数的估计［J］. 中国农业科学, 46（23）：5020-5025.

宋军, 赵鑫, 胡高博, 等. 2008 奶牛场卫生保健中存在的问题及防治措施［C］. 中国奶业协会年会.

宋振威, 周学章. 2009. 奶牛子宫内膜炎病因和诊治的研究进展［J］. 中国乳业（5）：64-68.

孙庆华. 2017. 奶牛常用饲料分类及作用 [J]. 吉林畜牧兽医 (3)：34-35.

陶海艳. 2018. 奶牛布鲁氏杆菌病的诊断与防控 [J]. 畜牧兽医科技信息 (12)：65.

涂铁城，笛金珊，肖丽兰，等. 1985. 应用综合指数选择成年母牛的方法 [J]. 中国畜牧杂志 (3)：31.

汪聪勇，苏银池，陈江凌，等. 2015. 荷斯坦牛的繁殖性状及影响因素分析 [J]. 家畜生态学报，36 (10)：45-48.

汪翔. 2005. 娟姗牛———一个对荷斯坦牛提出挑战的奶牛品种 [J]. 中国畜禽种业 (10)：25-27.

王玢，左明雪. 2009. 人体及动物生理学 [M]. 第 2 版. 北京：高等教育出版社.

王福兆. 2010. 乳牛学 [M]. 北京：科学技术文献出版社.

王根林. 2014. 养牛学 [M]. 北京：中国农业出版社.

王加启. 2019. 优质乳工程技术体系核心指标研究 [J]. 中国乳业 (6)：2-6.

王凯悦，施爽. 2017. 饲料添加剂在奶牛饲养中的应用 [J]. 畜牧兽医科技信息 (4)：128.

王力生，殷宗俊，陈兴勇，等. 2007. 德国荷斯坦牛与中国荷斯坦牛性能比较 [J]. 中国奶牛 (7)：28-30.

王璐菊，郭全奎，张勇. 2015. 产犊季节及胎次对甘肃会宁地区荷斯坦牛产奶量的影响 [J]. 中国奶牛 (16)：24-27.

王启芝，黄光云. 2004. 奶牛常见体外寄生虫病及防治 [J]. 广西畜牧兽医，20 (3)：135-136.

王婷，初芹，刘林，等. 2010. 杂交繁育在奶牛生产中的应用与探讨 [J]. 中国畜牧杂志 (3)：58-62.

王洋，于静，王巍，等. 2011. 娟姗牛品种特性及适应性饲养研究 [J]. 中国奶牛 (11)：47-48.

王玉亮. 2012. 奶牛的人工授精技术要点 [J]. 中国奶牛 (3)：53-56.

魏琳琳，杨继业，秦雪，等. 2015. 季节、胎次、泌乳时期与奶牛产奶量及乳成分的相关分析［J］. 中国奶牛（Z3）：10-14.

吴长庆，于洪春，张国良. 2000. 中国草原红牛品种资源现状及展望［J］. 黄牛杂志（6）：44-46.

吴宏军，马孝林，刘爱荣，等. 2012. 内蒙古三河牛培育历程及进展［J］. 中国牛业科学，38（4）：48-52.

吴健，张国梁，刘基伟，等. 2008. 吉林省中国草原红牛培育及选育提高进程［J］. 中国畜牧兽医（11）：152-155.

吴铁人. 2017 奶牛场的卫生防疫［J］. 青海畜牧兽医杂志（3）：66-67.

吴志强. 2010. 奶牛挤奶的方法及牛奶在贮藏、运输中的注意事项［J］. 养殖技术顾问（7）：39.

肖洪波. 2016. 肉（奶）牛人工授精技术［J］. 植物医生，29（1）：22-26.

肖西山，付静涛，雷莉辉，等. 2014. 奶牛胎次与日产奶量和体细胞数量的关系分析［J］. 当代畜牧（6）：42-43.

徐安凯，杨丰福. 2004. 肉乳兼用牛良种——中国草原红牛［J］. 农村百事通（21）：41.

徐迪. 2018. 世界著名奶牛品种及其生产性能的分析［J］. 现代畜牧科技（12）：24.

徐国强，李良泉. 2008. 奶牛人工授精技术的掌握［J］. 畜牧兽医科技信息（6）：60.

徐军. 2018. 基于DHI数据的奶牛乳脂率变化规律及影响因素研究［J］. 宁夏农林科技，59（12）：116-119.

许尚忠，李俊雅，任红艳，等. 2008. 中国西门塔尔牛选育及其进展［J］. 中国畜禽种业（5）：13-15.

许英民. 2010. 警惕奶牛感染疥螨病［J］. 科学种养（11）：48-49.

闫坤伦. 2008. 奶牛良种登记和个体选配PDA系统的设计与开发［D］. 哈尔滨：东北农业大学.

杨大为，成栓之，薛玉成，等. 2004. 虫必清治疗奶牛皮蝇蛆病

［J］. 中国兽医寄生虫病，12（4）：13.

杨冬玲. 2018. 西门塔尔牛饲养管理技术［J］. 今日畜牧兽医，34（7）：56.

杨凤. 1993. 动物营养学［M］. 北京：中国农业出版社.

杨凤. 2003. 动物营养学［M］. 北京：中国农业出版社.

杨义虹. 2016. 熊芳敏. 常用牛饲料的种类［J］. 养殖与饲料（4）：60-61.

杨永辉. 2017. 奶牛常见产科疾病诊断与防治［J］. 中国畜禽种业（8）.

杨作良，吴争鸣，庞玉起，等. 2011. 奶牛泌乳期的饲养管理［J］. 今日畜牧兽医（10）：56.

叶东东，张孔杰，热西提，等. 2015. 影响荷斯坦奶牛305d产奶量的因素分析［J］. 新疆农业科学，48（1）：148-152.

于珠. 2014. 奶牛采食与消化的特点［J］. 现代畜牧科技（5）：37.

余巍，张力青，杨凌，等. 2012. 娟姗牛在湖北省推广应用的可行性分析［J］. 湖北畜牧兽医（11）：20-22.

臧玉峰，罗文武. 2015. 奶牛产奶期的各项饲养管理措施［J］. 畜牧兽医科技信息（5）：79-80.

张国梁，李旭，吴健，等. 2013. 关于中国草原红牛发展的思考［J］. 吉林畜牧兽医，34（11）：12-13.

张海军. 2019. 影响奶牛产奶量的因素分析［J］. 湖北畜牧兽医，40（9）：29-30.

张淑君. 2007. 奶牛规模化养殖的卫生保健［J］. 养殖技术顾问（8）：17-18.

张喜忠. 2014. 无公害牛奶安全生产技术［M］. 北京：化学工业出版社.

张杨，李红波，张金山，等. 2012. 新疆褐牛种群资源调查研究［J］. 中国牛业科学，38（1）：24-28，32.

赵广永. 2012. 反刍动物营养［M］. 北京：中国农业大学出版社.

郑华. 2012. 奶牛疥螨病诊疗技术初探［J］. 中国动物保健，14（5）：50-51.

周贵，肖振铎，David A C. 2011. 奶牛日粮配制的营养需要原理与应用［J］. 中国奶牛（10）：20-25.

周振勇，李红波，闫向民，等. 2015. 新疆褐牛主要经济性状的遗传参数估计 [J]. 中国农学通报，31（2）：8-12.

周自强. 2018. 西门塔尔牛的特点及饲养管理要点 [J]. 现代畜牧科技（11）：39，109.

Balhara A K，Gupta M，Singh S，et al. 2013. Early Pregnancy Diagnosis in Bovines：Current Status and Future Directions [J]. Scientific World Journal，2013：958540.

Friedrich M，Holtz W. 2010. Establishment of an ELISA for Measuring Bovine Pregnancy-Associated Glycoprotein in Serum or Milk and Its Application for Early Pregnancy Detection [J]. Reproduction in Domestic Animals，45：142-146.

Gomez-Seco C，Alegre B，Martinez-Pastor F，et al. 2017. Evolution of the corpus luteum volume determined ultrasonographic ally and its relation to the plasma progesterone concentration after artificial insemination in pregnant and non-pregnant dairy cows [J]. Veterinary Research Communications，41：183-188.

Han R X，Kim H R，Diao Y F，et al. 2012. Detection of early pregnancy-specific proteins in Holstein milk [J]. Journal of Proteomics，75：3 221-3 229.

Hunnam J C，Parkinson T J，Lopez-Villalobos N，et al. 2009. Comparison of transcutaneous ultrasound over the right flank with transrectal ultrasound for pregnancy diagnosis in the dairy cow [J]. Australian Veterinary Journal，87：318-322.

Hunnam J C，Parkinson T J，Mcdougall S，et al. 2009. Transcutaneous ultrasound over the right flank to diagnose mid- to late-pregnancy in the dairy cow [J]. Australian Veterinary Journal，87：313-317.

Xu C，Yang W，Xia C，et al. 2016. Development of a Competitive Lateral Flow Immunoassay for Progesterone in Dairy Cows' Milk [J]. Medycyna Weterynaryjna-Veterinary Medicine-Science and Practice，72：494-497.